# 辽宁省能源装备智能制造高水平特色专业群
# 建设成果系列教材编写人员

主　编　王　辉

副主编　段艳超　孙　伟　尤建群

编　委　孙宏伟　李树波　魏孔鹏　张洪雷

　　　　张　慧　黄清学　张忠哲　高　建

　　　　李正任　陈　军　李金良　刘　馥

高职高专"十三五"规划教材

辽宁省能源装备智能制造高水平特色专业群建设成果系列教材

王 辉 主编

# 自动控制系统及其MATLAB仿真

王 辉 王 晗 丛榆坤 主编

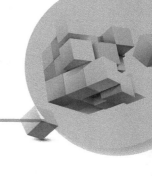

化学工业出版社

·北京·

## 内 容 简 介

《自动控制系统及其 MATLAB 仿真》将自动控制系统知识与 MATLAB 软件应用有机融合，从 MATLAB 软件应用角度出发，系统地介绍了 MATLAB 基本操作、符号计算、数值计算、程序设计与调试、绘图、图形用户界面、自动控制系统分析与设计、MATLAB/Simulink 控制系统分析与仿真等内容。

本书可作为高职高专院校、中等职业学校机械、电气、信息类专业的教材，并可供相关技术人员参考使用。

### 图书在版编目（CIP）数据

自动控制系统及其 MATLAB 仿真/王辉，王晗，丛榆坤主编．—北京：化学工业出版社，2020.8（2025.6重印）
辽宁省能源装备智能制造高水平特色专业群建设成果系列教材
ISBN 978-7-122-37392-2

Ⅰ.①自… Ⅱ.①王…②王…③丛… Ⅲ.①自动控制系统-系统仿真-Matlab 软件-教材 Ⅳ.①TP273-39

中国版本图书馆 CIP 数据核字（2020）第 122737 号

---

责任编辑：韩庆利 满悦芝　　　　　　　装帧设计：张　辉
责任校对：赵懿桐

出版发行：化学工业出版社（北京市东城区青年湖南街 13 号　邮政编码 100011）
印　　装：北京天宇星印刷厂
787mm×1092mm　1/16　印张 11¾　字数 288 千字　2025 年 6 月北京第 1 版第 3 次印刷

购书咨询：010-64518888　　　　　　　　　　售后服务：010-64518899
网　　址：http://www.cip.com.cn
凡购买本书，如有缺损质量问题，本社销售中心负责调换。

定　　价：38.00 元　　　　　　　　　　　　　　　　　　　版权所有　违者必究

# 前　言

　　MATLAB 是由美国 MathWorks 公司于 1984 年推出的一套数值计算软件，与 Mathematica、Maple 并称为三大数学软件，被称为第四代编程语言。它可以用于数据分析、工程与科学绘图、控制系统的设计与仿真、数字图像处理、数字信号处理、无线通信、财务与金融工程等领域，使得 MATLAB 成为国际公认最优秀的工程应用开发环境之一，也成为大学生必须掌握的学习工具软件。

　　本书从 MATLAB 软件应用角度出发，系统地介绍了 MATLAB 基本操作、符号计算、数值计算、程序设计与调试、绘图、图形用户界面、自动控制系统分析与设计、MATLAB/Simulink 控制系统分析与仿真等。

　　全书共分 7 章，第 1 章介绍了 MATLAB 的发展历程、功能与特点，对 MATLAB 进行初步认知。第 2 章介绍了 MATLAB 的基本使用方法，常量和变量定义与使用以及数值矩阵、数组、字符串、单元数组、结构型变量、符号型变量等各种数据类型定义与使用。第 3 章介绍了 MATLAB 数据分析、数值计算、多项式运算等内容。第 4 章介绍了 M 命令文件和函数文件的建立及调试方法，选择、循环等程序控制结构的使用以及存储文件基本操作，使读者能够进行简单的 MATLAB 应用程序设计。第 5 章介绍了二维图形、三维图形的绘制方法和图形用户界面 GUI 的开发环境和设计规范，使读者能够利用绘图函数对数据进行图形化处理以及开发简单的图形用户界面。第 6 章介绍了自动控制系统的一般概念、控制系统的数学模型、时域分析法、频率响应分析法、自动控制系统的设计与校正等。第 7 章介绍控制系统 MATLAB 模型表示及模型间转换和 Simulink 控制系统仿真等内容，以使读者能够利用 MATLAB 实现控制系统时域和频域性能的分析和计算。同时，结合以上内容，配套给出了 MATLAB 上机实训指导项目，便于读者学习及领会、巩固前面所学 MATLAB 与控制系统仿真分析的相关知识。

　　本书可以作为高职高专院校及中等职业院校的机械、电气、信息类等相关专业的教师和学生的教材和参考书，也可以作为相关科技人员、工程技术人员的学习和参考资料。

　　本书由盘锦职业技术学院王辉、盘锦高级技工学校王晗、盘锦职业技术学院丛榆坤担任主编，盘锦职业技术学院陈金阳、王敏也参与了编写工作。此外，在编写过程中，还得到了辽宁省信息技术职业教育集团的大力支持，在此表示真诚的谢意。

　　由于编者水平有限，书中难免有不当之处，恳请广大读者批评指正。

编　者

# 目录

1 认知 MATLAB ················································································ 1
  1.1 初识 MATLAB ············································································ 1
    1.1.1 MATLAB 发展历程 ······························································· 1
    1.1.2 MATLAB 特点与功能 ··························································· 2
  1.2 MATLAB 启动与运行方式 ···························································· 6
    1.2.1 命令行运行方式 ··································································· 6
    1.2.2 M 文件运行方式 ·································································· 7
  1.3 MATLAB 中的窗口 ····································································· 7
    1.3.1 主窗口 ················································································ 8
    1.3.2 命令窗口 ············································································ 8
    1.3.3 工作空间窗口 ······································································ 9
    1.3.4 当前目录窗口 ······································································ 9
    1.3.5 命令历史记录窗口 ······························································· 10
    1.3.6 GUI 制作窗口 ····································································· 11
  1.4 MATLAB 的帮助系统 ································································· 11
    1.4.1 命令行帮助 ········································································ 11
    1.4.2 联机帮助 ··········································································· 12
    1.4.3 演示帮助 ··········································································· 12
    1.4.4 远程帮助 ··········································································· 13

2 MATLAB 基本操作 ······································································· 14
  2.1 基本使用方法 ············································································ 14
  2.2 常量与变量 ··············································································· 17
    2.2.1 常量 ················································································· 17
    2.2.2 变量 ················································································· 17
  2.3 数据类型 ·················································································· 18
    2.3.1 数值矩阵 ··········································································· 18
    2.3.2 数组 ················································································· 19
    2.3.3 字符串 ·············································································· 19
    2.3.4 单元数组 ··········································································· 24
    2.3.5 结构型变量 ········································································ 26
    2.3.6 符号型变量 ········································································ 29

# 3 MATLAB 数值计算 ... 34
## 3.1 数组及向量运算 ... 34
### 3.1.1 数组及向量的构造 ... 34
### 3.1.2 数组的访问寻址与排序 ... 36
### 3.1.3 数组运算 ... 37
### 3.1.4 向量运算 ... 38
## 3.2 矩阵运算 ... 39
### 3.2.1 矩阵的建立 ... 39
### 3.2.2 矩阵的修改 ... 41
### 3.2.3 矩阵的拆分 ... 43
### 3.2.4 矩阵的基本运算 ... 45
### 3.2.5 矩阵分析 ... 49
### 3.2.6 关系运算与逻辑运算 ... 54
### 3.2.7 稀疏矩阵 ... 55
### 3.2.8 数据分析 ... 58
### 3.2.9 多项式运算 ... 63

# 4 程序设计与调试 ... 69
## 4.1 M 文件 ... 69
### 4.1.1 M 文件的建立与打开 ... 69
### 4.1.2 M 文件概述 ... 69
## 4.2 程序控制结构 ... 72
### 4.2.1 顺序结构 ... 72
### 4.2.2 分支结构 ... 73
### 4.2.3 循环结构 ... 76
## 4.3 全局变量和局部变量 ... 78
## 4.4 程序调试 ... 78
## 4.5 文件操作 ... 79
### 4.5.1 文件的打开与关闭 ... 79
### 4.5.2 文件的读写操作 ... 79

# 5 绘图与 GUI 图形用户界面设计 ... 81
## 5.1 MATLAB 绘图 ... 81
### 5.1.1 二维绘图 ... 81
### 5.1.2 图形修饰与控制 ... 83
### 5.1.3 特殊二维图形绘制 ... 86
### 5.1.4 三维绘图 ... 88
## 5.2 图形用户界面 GUI 设计 ... 89

# 6 自动控制系统分析与设计 ... 91
## 6.1 自动控制系统基础知识 ... 91
### 6.1.1 概述 ... 91
### 6.1.2 自动控制系统工作原理和组成 ... 92
### 6.1.3 自动控制系统的分类 ... 94
### 6.1.4 自动控制系统的基本要求 ... 95
## 6.2 自动控制系统的数学模型 ... 95
### 6.2.1 微分方程数学模型 ... 96

        6.2.2 传递函数数学模型 ············ 98
        6.2.3 结构图及其简化 ············ 102
    6.3 自动控制系统的时域分析 ············ 109
        6.3.1 典型输入信号及其性能指标 ············ 109
        6.3.2 一阶系统时域分析 ············ 111
        6.3.3 二阶系统时域分析 ············ 114
        6.3.4 高阶系统时域分析 ············ 119
        6.3.5 自动控制系统的稳定性分析 ············ 121
        6.3.6 自动控制系统的误差分析 ············ 124
    6.4 自动控制系统的频域分析 ············ 129
        6.4.1 频率特性的基本概念 ············ 129
        6.4.2 开环幅相频率特性曲线的绘制 ············ 131
        6.4.3 开环对数频率特性曲线的绘制 ············ 135
        6.4.4 频域稳定性分析 ············ 140
        6.4.5 相对稳定性分析 ············ 145
    6.5 自动控制系统的设计与校正 ············ 148
        6.5.1 设计与校正概述 ············ 148
        6.5.2 自动控制系统的串联校正 ············ 149
        6.5.3 自动控制系统的并联校正 ············ 154
7 控制系统 MATLAB 计算与 Simulink 仿真 ············ 157
    7.1 控制系统 MATLAB 模型表示 ············ 157
        7.1.1 传递函数数学模型 ············ 157
        7.1.2 零极点增益数学模型 ············ 158
        7.1.3 状态空间数学模型 ············ 158
        7.1.4 利用 MATLAB 实现数学模型之间的转换 ············ 159
        7.1.5 利用 MATLAB 实现数学模型之间的连接 ············ 160
    7.2 Simulink 控制系统仿真 ············ 161
        7.2.1 Simulink 的启动与退出 ············ 161
        7.2.2 Simulink 模块库及简单的系统仿真 ············ 163
    7.3 利用 MATLAB 实现控制系统性能分析方法 ············ 166
        7.3.1 控制系统的时域分析 ············ 166
        7.3.2 控制系统的稳定性分析 ············ 166
        7.3.3 控制系统的稳态误差分析 ············ 168
        7.3.4 控制系统的频域分析 ············ 168
MATLAB 上机实践指导 ············ 171
参考文献 ············ 180

# 1 认知MATLAB

**知识要点**

★MATLAB发展历程及其特点与功能；
★MATLAB中的窗口组成及各窗口使用方法；
★MATLAB帮助系统的使用。

## 1.1 初识MATLAB

### 1.1.1 MATLAB发展历程

MATLAB是MATrix LABoratory（矩阵实验室）的缩写，是由美国MathWorks公司于1984年推出的一套数值计算软件，设计者（美国Clever Moler博士）初衷是解决《线性代数》课程中的矩阵运算问题，它与Mathematica、Maple并称为三大数学软件，被称为第四代编程语言。历经几十年的发展与竞争，它的版本发展历程如下：

1984年，MATLAB第1版（DOS版）
1992年，MATLAB 4.0版
1994年，MATLAB 4.2版
1997年，MATLAB 5.0版
1999年，MATLAB 5.3版
2000年，MATLAB 6.0版
2001年，MATLAB 6.1版
2002年，MATLAB 6.5版
2004年，MATLAB 7.0版
2006年，MATLAB 2006a版，MATLAB 2006b版
……
2019年，MATLAB 2019a版，MATLAB 2019b版

最初MATLAB是用FORTRAN语言设计，而后改为C语言开发，其基本数据单位是矩阵，它的指令表达式与数学、工程中常用的形式十分相似，比C、FORTRAN等语言更简捷。它可分为总包和若干个工具箱，可以实现数值分析、数值和符号计算、工程与科学绘

图、控制系统的设计与仿真、数字图像处理、数字信号处理、通信系统设计与仿真、财务与金融工程以及计算生物学等若干个领域的分析计算,使得 MATLAB 成为一个国际公认最优秀的工程应用开发环境之一,也成为大学生必须掌握的学习工具软件。

### 1.1.2 MATLAB 特点与功能

(1) 简单易学

MATLAB 是一门编程语言,其语法规则与一般的结构化高级编程语言如 C 语言大同小异,除了命令行的交互式操作以外,还可以程序方式工作。使用 MATLAB 可以很容易地实现 C 或 FORTRAN 语言的几乎全部功能,包括 Windows 图形用户界面的设计,具有一般编程语言基础的用户很快就可以掌握。

(2) 代码短、效率高

由于 MATLAB 已经将数学问题的具体算法编成了现成的函数,用户只需要熟悉算法的特点、使用场合、函数的调用格式和参数意义等,通过调用函数就可以很快解决问题,而不必花大量的时间纠缠于具体算法。

**例 1-1** 求解 $x$ 和 $y$ 的最大值。

```
x = 5;
y = 8;
z = max(x,y)
```

**例 1-2** 已知实验数据 $x$ 和 $y$,请以 $x$ 为横坐标,$y$ 为纵坐标做线性拟合。

```
x = [- 1.3 - 0.5 0.3 0.99 1.6 2.1 4.2 5.5];% 空格
y = [- 2.3,- 0.7,0.5,1.3,2.8,3.6,6.3,8.5]; % 逗号
a = polyfit(x,y,1);
y1 = polyval(a,x);
plot(x,y,'o',x,y1,'b');
tt = ['直线斜率＝',num2str(a(1))];
title(tt);
```

拟合的曲线如图 1-1 所示。

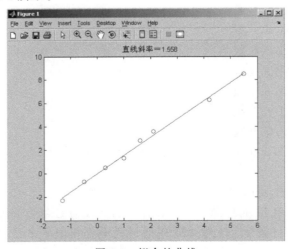

图 1-1 拟合的曲线

(3) 计算功能强大

MATLAB 的数值计算功能包括矩阵运算、多项式和有理分式运算、数据统计分析、数值微积分、优化处理、符号计算等。注：符号计算将得到问题的解析解。

**例 1-3** 求函数 $\sin(x)/x$，当 $x \to 0$ 时的极限。

```
syms x;
y = limit(sin(x)/x,0)
```

**例 1-4** 求函数 $x.*\log(1+x)$，$x$ 从 0 到 1 的积分。

```
syms x;
y = int(x.* log(1+x),0,1)
```

**例 1-5** 求解线性方程组。

```
a = [2,- 3,1;8,3,2;45,1,- 9];
b = [4;2;17];
x = inv(a)* b
```

(4) 强大的图形表达功能

MATLAB 提供了两个层次的图形命令：一种是对图形句柄进行的低级图形命令，另一种是建立在低级图形命令之上的高级图形命令。利用 MATLAB 的高级图形命令可以轻而易举地绘制二维、三维乃至四维图形，并可进行图形和坐标的标识、视角和光照设计、色彩精细控制等等。

**例 1-6** 绘制正弦曲线和余弦曲线。

```
x = [0:0.5:360]* pi/180;
plot(x,sin(x),x,cos(x));
```

**例 1-7** 画椭球并改变光照位置。

```
[x,y,z] = sphere(20);
subplot(1,2,1);
surf(x,y,z);axis equal;
light('Posi',[0,1,1]);
hold on;
plot3(0,1,1,'p');text(0,1,1,'light');
subplot(1,2,2);
surf(x,y,z);axis equal;
light('Posi',[1,0,1]);
hold on;
plot3(1,0,1,'p');text(1,0,1,'light');
```

椭球体图形如图 1-2 所示。

(5) 良好的可扩展性

可扩展性是该软件的一大优点，用户可以自己编写 M 文件，组成自己的工具箱，方便地解决问题。此外，利用 MATLAB 编译器和运行时的服务器，可以生成独立的可执行程序，从而可以隐藏算法并避免依赖 MATLAB。

① MATLAB 支持 DDE 和 ActiveX 自动化等机制，可以与同样支持该技术的应用程序接口。

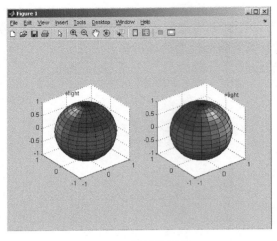

图 1-2　椭球体图形

② 利用 COM 生成器和 Excel 生成器，可以利用给定的 M 文件和 MEX 文件创建 COM 组件和 Excel 插件，从而实现与 VB、VC 等程序的无缝集成。

③ 利用 Web 服务器，可以实现 MATLAB 与网络程序的接口。

④ 利用端口 API 函数，可以实现 MATLAB 与硬件的接口。

(6) 丰富的工具箱

其工具箱分为两大类：功能性工具箱和领域型工具箱。

① 功能型工具箱——通用型：主要用来扩充 MATLAB 的数值计算、符号运算功能、图形建模仿真功能、文字处理功能以及与硬件实时交互功能，能够用于多种学科。

② 领域型工具箱——专用型：是学科专用工具箱，其专业性很强，比如控制系统工具箱（Control System Toolbox）、信号处理工具箱（Signal Processing Toolbox）等，常用工具箱主要如下：

- Matlab Main Toolbox——Matlab 主工具箱
- Control System Toolbox——控制系统工具箱
- Communication Toolbox——通信工具箱
- Financial Toolbox——财政金融工具箱
- System Identification Toolbox——系统辨识工具箱
- Fuzzy Logic Toolbox——模糊逻辑工具箱
- Higher-Order Spectral Analysis Toolbox——高阶谱分析工具箱
- Image Processing Toolbox——图像处理工具箱
- LMI Control Toolbox——线性矩阵不等式工具箱
- Model predictive Control Toolbox——模型预测控制工具箱
- $\mu$-Analysis and Synthesis Toolbox——$\mu$ 分析工具箱
- Neural Network Toolbox——神经网络工具箱
- Optimization Toolbox——优化工具箱
- Partial Differential Toolbox——偏微分方程工具箱
- Robust Control Toolbox——鲁棒控制工具箱
- Signal Processing Toolbox——信号处理工具箱
- Spline Toolbox——样条工具箱
- Statistics Toolbox——统计工具箱
- Symbolic Math Toolbox——符号数学工具箱
- Simulink Toolbox——动态仿真工具箱
- System Identification Toolbox——系统辨识工具箱
- Wavele Toolbox——小波工具箱
- ……

**例 1-8** 已知某系统的开环传递函数为 $G(s)=26/(s+6)(s-1)$,求

(1) 绘制系统的 Nyquist 曲线。

(2) 给系统增加一个开环极点 p=2,求 Nyquist 曲线,判断系统稳定性,并绘制系统单位阶跃响应曲线和零极点图。

曲线和图形如图 1-3 所示。

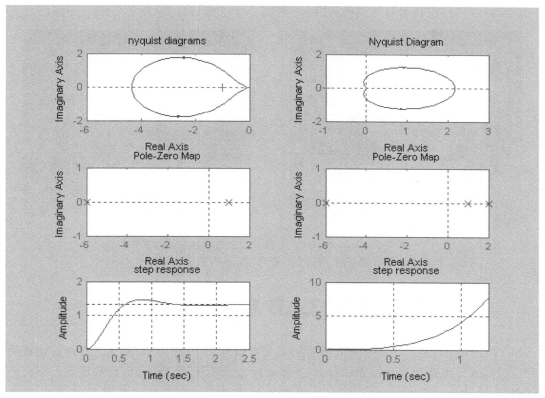

图 1-3 系统的 Nyquist 曲线、零极点图、单位阶跃响应曲线

**例 1-9** 演示神经网络工具箱(图 1-4)。

(a) MATLAB主界面　　　　　　　　(b) BP神经网络训练曲线

图 1-4 神经网络工具箱使用演示

例 1-10　演示图像处理工具箱。
I = imread('tire.tif');
J = histeq(I);
imshow(I)
figure,imshow(J)
经过直方图均衡化前后的图像如图 1-5 所示。

(a) 处理前　　　　　　　　　　　　　　(b) 处理后

图 1-5　经过直方图均衡化前后的图像

## 1.2　MATLAB 启动与运行方式

MATLAB 启动的方法有多种，最常用的是双击桌面 MATLAB 图标。此外，它提供了两种运行方式，即命令行运行方式和 M 文件运行方式。两种方式有各自的特点，下面分别予以介绍。

### 1.2.1　命令行运行方式

可以通过直接在命令窗口输入命令行来实现计算或作图功能。例如，要计算矩阵 $A$ 和 $B$ 的"和"，其中

$$A = \begin{bmatrix} 7 & 2 \\ 1 & 6 \end{bmatrix} \qquad B = \begin{bmatrix} 1 & -9 \\ 0 & 3 \end{bmatrix}$$

首先打开 MATLAB 主界面，如图 1-6 所示。

例 1-11　在命令窗口输入下面的命令行，试观察运行结果。
\>> A = [7,2;1,6];
\>> B = [1,-9;0,3];
\>> C = A+B
执行结果：
C =
　8　-7
　1　 9

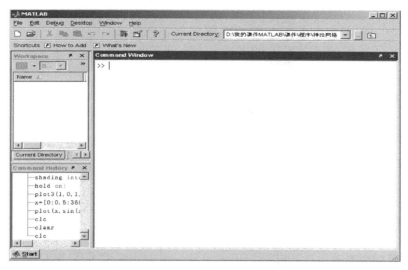

图 1-6  MATLAB 主界面

## 1.2.2  M 文件运行方式

在 MATLAB 窗口中单击"File"菜单，然后依次选择 New→M-File，打开 M 文件窗口，如图 1-7 所示。在该窗口内输入程序文件，可以进行调试和运行。与命令行运行方式相比，M 文件运行方式的优点是可调试，可重复应用。对于前面的矩阵求和问题，可在 M 文件窗口中输入程序，如图 1-7 所示。然后在"Debug"菜单中选择"Run"选项，将在命令窗口输出矩阵 $C=A+B$ 的值。

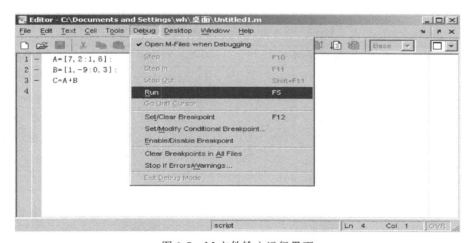

图 1-7  M 文件输入运行界面

# 1.3  MATLAB 中的窗口

在 MATLAB 中，常见的窗口有主窗口、命令窗口、工作空间窗口、命令历史记录窗口、当前目录窗口、M 文件窗口、GUI 制作窗口、图形窗口等，下面对其中常用的窗口进行介绍。

1  认知 MATLAB    7

### 1.3.1 主窗口

MATLAB 主窗口（Main Window）是 MATLAB 的主要工作界面，如图 1-6 所示。主窗口除了嵌入一些子窗口外，还包括菜单栏和工具栏。

（1）菜单栏

在 MATLAB 主窗口的菜单栏，共包含"File""Edit""Debug""Desktop""Window"和"Help"6 个菜单项。

① File 菜单项：实现有关文件的操作。

② Edit 菜单项：用于命令窗口的编辑操作。

③ Debug 菜单项：用于程序调试操作。

④ Desktop 菜单项：调整 MATLAB 主界面操作。

⑤ Window 菜单项：主窗口菜单栏上的 Window 菜单，只包含一个子菜单 Close all，用于关闭所有打开的编辑器窗口，包括 M-file、Figure、Model 和 GUI 窗口。

⑥ Help 菜单项：Help 菜单项用于提供帮助信息。

（2）工具栏

MATLAB 主窗口的工具栏共提供了 10 个命令按钮。这些命令按钮均有对应的菜单命令，但比菜单命令使用起来更快捷、方便。

### 1.3.2 命令窗口

命令窗口（Command Window）是 MATLAB 的主要交互窗口，用于输入命令并显示除图形以外的所有执行结果。命令窗口中有一些常用的功能键，利用它们可以使操作更简便快捷，常用的快捷功能键如表 1-1 所示。

表 1-1 命令窗口中常用的快捷功能键

| 快捷功能键 | 具体功能描述 | 快捷功能键 | 具体功能描述 |
| --- | --- | --- | --- |
| ↑ 或 Ctrl+P | 重新调入上一命令行 | Home 或 Ctrl+A | 光标移到行首 |
| ↓ 或 Ctr+N | 重新调入下一命令行 | End 或 Ctrl+E | 光标移到行尾 |
| ← 或 Ctrl+B | 光标左移一个字符 | Esc | 清除命令行 |
| → 或 Ctrl+F | 光标右移一个字符 | Del 或 Ctrl+D | 删除光标处字符 |
| Ctrl+← | 光标左移一个字 | Backsapce | 删除光标坐标字符 |
| Ctrl+→ | 光标右移一个字 | Ctrl+K | 删除至行尾 |

MATLAB 命令窗口中的"≫"为命令提示符，表示 MATLAB 正处于准备状态。在命令提示符后键入命令并按下回车键后，MATLAB 就会解释执行所输入的命令，并在命令后面给出计算结果。

一般来说，一个命令行输入一条命令，命令行以回车结束。但一个命令行也可以输入若干条命令，各命令之间以逗号分隔，若前一命令后带有分号，则逗号可以省略。

例 1-12 在命令窗口（Command window）输入下面的命令行，试比较运行结果。

≫ p = 15,m = 35

≫ p = 15;m = 35

如果一个命令行很长，一个物理行之内写不下，可以在第一个物理行之后加上 3 个小黑点并按下回车键，然后接着下一个物理行继续写命令的其他部分。3个小黑点称为续行符，即把下面的物理行看作该行的逻辑继续。在 MATLAB 里，有很多的控制键和方向键可用于命令行的编辑。

**例 1-13** 在命令窗口（Command window）输入下面的命令行，试观察运行结果。

```
>> x = 10;
>> y = 3;
>> z = max...
(x,y)
```

### 1.3.3 工作空间窗口

工作空间窗口（Workspace Window）是 MATLAB 用于存储各种变量和结果的内存空间。在该窗口中显示工作空间中所有变量的名称、值或大小、变量类型说明，可对变量进行观察、编辑、保存和删除，具体如图 1-8 所示。

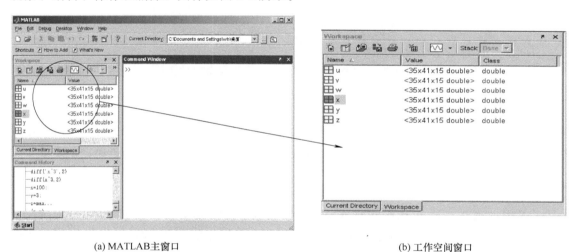

(a) MATLAB 主窗口　　　　　　　　　　(b) 工作空间窗口

图 1-8　工作空间窗口

图 1-8 中，"Name"列、"Value"列、"Class"列分别对应于变量名、变量值或变量大小、变量类型。如第一个变量的变量名为 u，大小为 35×41×15 的矩阵，变量类型为 double 类型，如果需要查看变量值只需双击变量名即可。

### 1.3.4 当前目录窗口

当前目录是指 MATLAB 运行文件时的工作目录，只有在当前目录或搜索路径下的文件、函数可以被运行或调用。在当前目录窗口（Current Directory Window）中可以显示或改变当前目录，还可以显示当前目录下的文件并提供搜索功能，具体如图 1-9 所示。

在将用户目录设置成当前目录也可使用 cd 命令。例如，将用户目录"c：\"设置为当前目录，可在命令窗口输入命令。

**例 1-14** 在命令窗口输入下面的命令行，试观察当前目录窗口的变化。

```
cd c:\
```

此外，用户可以根据需要将自己的工作目录列入 MATLAB 搜索路径，从而将用户目录

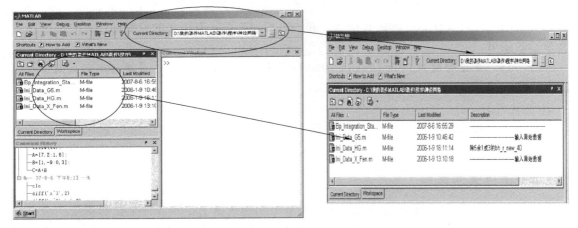

(a) MATLAB主窗口　　　　　　　　　　　　　　(b) 当前目录窗口

图 1-9　当前目录窗口

纳入统一管理，设置搜索路径的方法有两种，具体如下。

① 使用 path 命令设置搜索路径。

例如，将用户目录"c：\"加到搜索路径下，可在命令窗口输入命令：path（path,'c：\'）。

② 使用对话框设置搜索路径。

在 MATLAB 的"File"菜单中选"Set Path"命令或在命令窗口执行"pathtool"命令，将出现搜索路径设置对话框。通过"Add Folder"或"Add with Subfolder"命令按钮将指定路径添加到搜索路径列表中。在修改完搜索路径后，则需要保存搜索路径。

### 1.3.5　命令历史记录窗口

在默认设置下，历史记录窗口（Command History Window）中会自动保留自安装起所有用过的命令的历史记录，并且还标明了使用时间，从而方便用户查询。而且，通过双击命令可进行历史命令的再运行。如果要清除这些历史记录，可以选择"Edit"菜单中的"Clear Command History"命令，具体如图 1-10 所示。

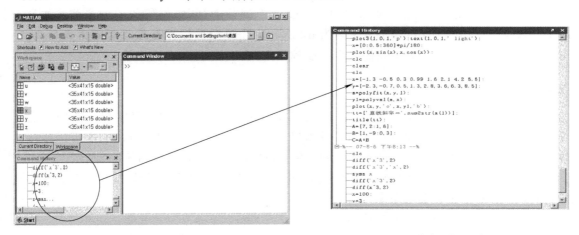

(a) MATLAB主窗口　　　　　　　　　　　　　　(b) 命令历史记录窗口

图 1-10　命令历史记录窗口

### 1.3.6 GUI 制作窗口

所谓图形用户界面 GUI（Graphical User Interfaces）是由窗口、图标、菜单、文本、按钮等图形对象构成的用户界面，是用户与计算机进行信息交流的方式，在这种用户界面下，用户的操作是通过"选择"各种图形对象来实现的，如图 1-11 所示。

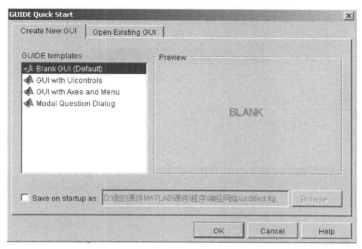

图 1-11　图形用户界面 GUI 启动窗口

## 1.4　MATLAB 的帮助系统

MATLAB 帮助系统通常可以通过以下 3 种方法进入：
① 单击 MATLAB 主窗口工具栏中的"Help"按钮。
② 在命令窗口中输入 helpwin、helpdesk 或 doc。
③ 选择 Help 菜单中的"MATLAB Help"选项。

### 1.4.1　命令行帮助

MATLAB 的命令行帮助包括 help、lookfor 以及模糊查询三种形式。
（1）help 命令
在命令窗口中直接输入 help 命令将会显示当前帮助系统中所包含的所有项目，即搜索路径中所有的目录名称。同样，可以通过 help 加函数名来显示该函数的帮助说明。
（2）lookfor 命令
help 命令只搜索出那些关键字完全匹配的结果，lookfor 命令对搜索范围内的 M 文件进行关键字搜索，条件比较宽松。lookfor 命令只对 M 文件的第一行进行关键字搜索。若在 lookfor 命令加上 -all 选项，则可对 M 文件进行全文搜索。
（3）模糊查询
MATLAB 6.0 以上的版本提供了一种类似模糊查询的命令查询方法，用户只需要输入命令的前几个字母，然后按 Tab 键，系统就会列出所有以这几个字母开头的命令。模糊查询结果如图 1-12 所示。

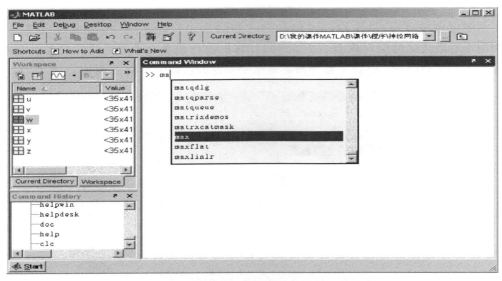

图 1-12　模糊查询结果

### 1.4.2　联机帮助

在 MATLAB 主窗口工具栏中的问号按钮或选择"Help"菜单中的"MATLAB Help"选项，可以打开联机帮助界面，如图 1-13 所示。在界面左边的目录栏中单击项目名称或图标，将在右侧窗口中显示对应的帮助信息。

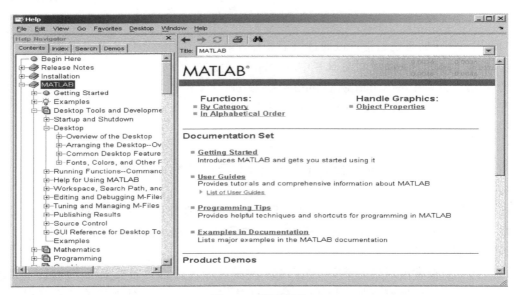

图 1-13　联机帮助

### 1.4.3　演示帮助

MATLAB 除了提供常规的帮助之外，还设立了演示系统，初学者可以从 Demo 演示开始学习 MATLAB 各功能。在帮助窗口中选择演示系统（Demos）选项卡，或者在命令窗口输入 Demos，或者选择主窗口 Help 菜单中的 Demos 子菜单，打开演示系统，然后在其中选择相应的演示模块，如图 1-14 所示。

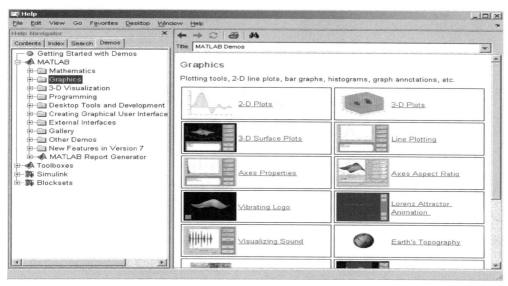

图 1-14　演示帮助说明窗口

## 1.4.4　远程帮助

在 MathWorks 公司的主页（http：//www.mathworks.com）上可以找到很多有用的信息，国内的一些网站也有丰富的信息资源，如

MATLAB 中文论坛：https：//www.ilovematlab.cn/

MATLAB 爱好者论坛：https：//www.labfans.com/bbs/

中国仿真互动论坛：http：//forum.simwe.com/

小木虫论坛：http：//muchong.com/bbs/index.php

电子发烧友论坛：http：//bbs.elecfans.com/zhuti_matlab_1.html

……

# 2 MATLAB基本操作

**知识要点**

★MATLAB 的基本使用方法；
★MATLAB 中的常量和变量定义与使用；
★MATLAB 的各种数据类型定义与使用。

## 2.1 基本使用方法

（1）常用操作命令的使用

在进行 MATLAB 编程时，应熟练掌握以下常用操作命令（见表 2-1）的使用方法，如主程序启动初始化时，往往会先后调用 clc 和 clear 两条操作命令，用以清除工作窗和内存变量，给主程序一个初始化运行环境。

表 2-1　常用的操作命令

| 操作命令 | 具体功能 | 操作命令 | 具体功能 |
| --- | --- | --- | --- |
| clc | 清除工作窗 | hold | 图形保持命令 |
| cd | 显示或改变工作目录 | load | 加载指定文件的变量 |
| clear | 清除内存变量 | pack | 整理内存碎片 |
| clf | 清除图形窗口 | path | 显示搜索目录 |
| disp | 显示变量或文字内容 | quit | 退出 MATLAB |
| diary | 日志文件命令 | save | 保存内存变量到指定文件 |
| dir | 显示当前目录下文件 | type | 显示文件内容 |
| exist | 检测工作空间中变量的存在性 | who/whos | 查询工作空间中的变量 |
| echo | 工作窗信息显示开关 | | |

（2）数值运算符号的使用

MATLAB 数值表达式遵守四则运算法则，其数学符号为：加法（＋）、减法（－）、乘法（*）、除法（/和\）以及乘方（∧）。此外，小括号代表运算级别，其优先级最高，这里面需要注意除法运算符号"/"和"\"的区别。

(3) 关系运算符号的使用

MATLAB 提供了 6 种关系运算符号和 3 种关系运算符号。

① 关系运算符号包括：<（小于）、<=（小于或等于）、>（大于）、>=（大于或等于）、==（等于）、~=（不等于）。

② 关系运算符号包括：&（与）、|（或）和~（非）。

(4) 标点符号的使用

对于初学者来说，MATLAB 标点符号的使用较难掌握，不同的标点符号代表不同的运算或是被赋予了特定的含义，使用起来十分灵活，常用的标点符号参见表 2-2。

表 2-2 常用的标点符号

| 标点符号 | 具体功能 | 标点符号 | 具体功能 |
| --- | --- | --- | --- |
| , | 区分列,函数参数分隔符等 | ( ) | 指定运算优先级等 |
| ; | 区分行,取消运行显示等 | [ ] | 矩阵定义的标志等 |
| : | 在数组中应用较多 | { } | 用于构成单元数组等 |
| ' | 字符串的标识符号 | = | 赋值符号 |
| . | 小数点,域访问等 | ! | 调用操作系统运算 |
| … | 连接语句 | % | 注释语句的标识 |

**例 2-1** 在命令窗口输入下面的命令行，试总结分号和百分号的使用方法。

```
>> x= 1* 2;      % 对变量 x 赋值
>> y = 2* 3;     % 对变量 x 赋值
>> z = x+ y      % 计算变量 x 和 y 的和
```

执行结果：

```
z =
    8
```

**例 2-2** 在命令窗口输入下面的命令行，总结逗号和分号的综合运用。

```
>> x = 1,y = 2;z = 3,w = 4
```

执行结果：

```
x =
    1
z =
    3
w =
    4
```

**例 2-3** 在命令窗口输入下面的命令行，总结续行符的使用。

```
>> grade1= 4* ...
30
```

执行结果：

```
grade1 =
    120
```

(5) 常用数学函数的使用

常见的数学函数见表 2-3，其中，函数的输入为矩阵变量，运算法则是矩阵的每个元素都分别进行函数操作，其他使用说明如下：

① 三角函数以弧度为单位计算。
② abs 函数可以求实数的绝对值、复数的模、字符串的 ASCII 码值。
③ 用于取整的函数有 fix、floor、ceil、round，要注意它们的区别。
④ rem 与 mod 函数的区别。rem（x，y）和 mod（x，y）要求 x，y 必须为相同大小的实矩阵或为标量。mod（-X，Y）=rem（-X，Y）+Y。

表 2-3　常用的数学函数

| 函数名 | 功能 | 函数名 | 功能 |
|---|---|---|---|
| abs(x) | 绝对值或复数的模 | sin(x) | 正弦函数 |
| angle(x) | 四个象限内取复数的相位 | asin(x) | 反正弦函数 |
| ceil(x) | 向 +∞ 方向取整数 | cos(x) | 余弦函数 |
| floor(x) | 向 -∞ 方向取整数 | acos(x) | 反余弦函数 |
| fix(x) | 向 0 方向取整数 | real(x) | 复数实部 |
| round(x) | 四舍五入最接近的整数 | image(x) | 复数虚部 |
| log(x) | 自然对数 | exp(x) | 指数函数 $e^x$ |
| Log2(x) | 以 2 为底的对数 | rem(x) | 有符号求余 |
| log10(x) | 常用对数 | mod(x) | 无符号求余 |
| sqrt(x) | 平方根 | sign(x) | 符号函数 |
| gcd(x,y) | 求整数 x,y 的最大公约数 | lcm(x,y) | 求整数 x,y 的最小公倍数 |

(6) 数据输出格式 format 函数的使用

MATLAB 用十进制数表示一个常数，采用日常记数法和科学记数法两种表示方法。几乎在所有的情况下，MATLAB 的数据都是以双精度数值来表示和存储的，其数据输出时用户可以用 format 命令设置或改变数据输出格式。

format 命令的格式为：

format　格式符

其中，格式符决定数据的输出格式，包括 "long" 为 15 位数字记数形式表示，"short e" 为 5 位科学记数形式表示，"long e" 为 15 位科学记数形式表示等。

**例 2-4**　在命令窗口输入下面的命令行，熟悉数据输出格式 format 函数的使用。

```
>> pi
```
执行结果：
```
ans =
    3.1416
>> format long
>> pi
```
执行结果：
```
ans =
    3.14159265358979
```

```
>> format short e
>> pi
```
执行结果：
```
ans =
    3.1416e + 000
```

## 2.2 常量与变量

### 2.2.1 常量

常量是指在程序运行过程中其值不发生改变的量。通常，命名常数应该采用大写字母，用下划线分割单词，例 COLOR_RED，COLOR_GREEN。表 2-4 给出了 MTALAB 系统默认定义一些常量（如 pi、eps、inf 等）和变量（ans、nargin、nargout 等），我们在使用时，应尽量避免对这些变量重新定义和赋值。

表 2-4 预定义变量

| 预定义变量名称 | 具体功能 | 预定义变量名称 | 具体功能 |
|---|---|---|---|
| ans | 计算结果的默认变量名 | nargin | 函数的输入参数个数 |
| beep | 使计算机发出"嘟嘟"声 | nargout | 函数的输出参数个数 |
| pi | 圆周率 | varagin | 可变的函数输入参数个数 |
| eps | 浮点数相对误差 | varagout | 可变的函数输出参数个数 |
| inf | 无穷大 | realmin | 最小的正浮点数 |
| NaN 或 nan | 不定数 | realmax | 最大的正浮点数 |
| i 或 j | 复数单位,等于 sqrt(−1) | bitmax | 最大的正整数 |

**例 2-5** 在命令窗口输入下面的命令行，使用预定义变量 $i$ 表示以下复数。
```
>> a= pi + 3.14* i
```
执行结果：
```
a =
    3.1416 + 3.1400i
>> a= pi + pi* i
```
执行结果：
```
a =
    3.1416 + 3.1416i
```

### 2.2.2 变量

(1) 变量的命名

变量是在程序运行中，其数值可以变化的量，可以表示一个或若干个内存单元中的数据。在 MATLAB 中，变量名有如下命名规则：

① 变量名长度不超过 63，超过 63 位的字符系统将忽略不计；

② 变量名区分大小写；

③ 变量名必须以字母开头，只能包含字母、数字或下划线。

对于变量名，我们建议：变量名应该能够反应它们的意义或者用途。变量名应该以小写字母开头的大小写混合形式，如 credibleThreat，qualityofLife 等；全局变量应该采用大写字母，用下划线分割单词，例如 PATH_NAME；结构体的命名应该以一个大写字母开头，例如 Segment.length；函数名应表明它们的用途，函数名应该采用小写字母。

（2）赋值语句

赋值语句格式有两种形式：

① 变量＝表达式；

② 表达式。

在表达式语句形式下，将表达式的值赋给 MATLAB 的永久变量 ans。如果在语句的最后加分号，那么，MATLAB 仅仅执行赋值操作，不再显示运算的结果。

表达式是用运算符将函数名、变量名、特殊字符等有关运算量连接起来的式子，其类型包括算术表达式、关系表达式、逻辑表达式。此外，在算术、关系、逻辑运算中，算术运算优先级最高，逻辑运算优先级最低。

（3）变量的管理

MATLAB 工作空间窗口用于内存变量的管理，当选中某些变量后，再单击 Delete 按钮，就能删除这些变量。当选中某些变量后，再单击 Open 按钮，将进入变量编辑器。通过变量编辑器可以直接观察变量中的具体元素，也可修改变量中的具体元素。

clear 命令用于删除工作空间中的变量，而 who 和 whos 这两个命令用于显示在工作空间中变量名清单列表。此外，利用 save 和 load 命令可以把当前 MATLAB 工作空间中的一些有用变量长久地保留下来，扩展名是 .mat。

## 2.3 数 据 类 型

MATLAB 的数据类型包括数值矩阵、字符串、稀疏矩阵、单元数组、结构型和符号型变量等。这里将重点介绍这些常用的数据类型。

### 2.3.1 数值矩阵

MATLAB 中最常见的数据类型是双精度（double）的非稀疏矩阵，数据是按列存放，同时还提供了其他的数值矩阵类型（single，int8，int16，int32，int64，uint8，uint16，uint32，uint64 等），它们在工作空间中的状态如图 2-1 所示。

| Name | Value | Class |
|---|---|---|
| x | [1 2;3 4] | double |
| y | [1 2;3 4] | single |
| z | [1 2;3 4] | int8 |

图 2-1  矩阵变量在工作空间中的状态

例 2-6  在命令窗口输入下面的命令行，建立矩阵变量。

```
>> x = [1,2;3,4];
```

```
>> y = single(x);
>> z = int8(x) ;
>> whos
```
执行结果：
```
Name       Size            Bytes           Class
x          2x2             32              double array
y          2x2             16              single array
z          2x2             4               int8 array
```

### 2.3.2 数组

数组是用于储存多个相同类型数据的集合，所有类型的 MATLAB 变量，包括标量、向量、矩阵、字符串、单元数组、结构和对象都以数组形式保存，图 2-2 所示给出了字符数组在工作空间中的状态。

图 2-2 字符数组在工作空间中的状态

此外，数组和矩阵有很多相似之处，数据也是按列存放，对于初学者很容易混淆，数组运算符是在矩阵运算符前面加上"."，只有维数相同的数组才能进行数组运算。

**例 2-7** 在命令窗口输入下面的命令行，建立字符数组，并熟悉其存储方式。
```
>> a = ['mouse';'small';'field'];
```
执行结果：
```
a =
    mouse
    small
    field
```

**思考题 1**：已知 MATLAB 数组数据是按列存放，试写出例 2-7 中数组 $a$ 保存字符的顺序。

### 2.3.3 字符串

字符和字符串是各种高级语言的重要组成部分，MATLAB 中的字符串是 ASCII 值的数值数组，用单引号（'）进行标注，是进行符号运算表达式的基本组成单元。此外，还提供了专门的符号运算工具箱（Symbolic Math Toolbox），使符号运算的功能更为强大。表 2-5 列出了常用字符串操作函数，易见 MATLAB 字符串操作与 C 语言的操作基本相同。表 2-6 列出了常用字符串转换函数。

表 2-5 常用字符串操作函数

| 函数名称 | 具体功能 | 函数名称 | 具体功能 |
| --- | --- | --- | --- |
| blanks | 生成空字符串 | upper | 把字符串中字符变成大写形式 |
| deblank | 删除字符串内的空格 | lower | 把字符串中字符变成小写形式 |
| findstr | 在其他字符串中寻找该字符串 | iscellstr | 字符串的单元检验 |

续表

| 函数名称 | 具体功能 | 函数名称 | 具体功能 |
|---|---|---|---|
| isspace | 空格检验 | strncmp | 比较字符串的前 $n$ 个字符 |
| ischar | 字符串检验 | strjust | 证明字符数组 |
| isletter | 字母检验 | strrep | 用其他字符串代替该串 |
| strcmp | 比较字符串大小 | strtok | 查找字符串中的记号 |
| strmatch | 查找可能匹配的字符串 | strcat | 链接字符串 |
| strvcat | 垂直链接字符串 | strings | strings 函数帮助 |

表 2-6 常用字符串转换函数

| 函数名称 | 具体功能 | 函数名称 | 具体功能 |
|---|---|---|---|
| hex2dec | 将 16 进制字符串转化为 10 进制整数 | dec2hex | 将 10 进制整数转化为 16 进制字符串 |
| bin2dec | 将 2 进制字符串转化为 10 进制整数 | dec2bin | 将 10 进制整数转化为 2 进制字符串 |
| base2dec | 转化 B 底字符串为 10 进制整数 | hex2num | 将 16 进制整数转化为双精度数 |
| upper | 改该字符串为大写 | lower | 改该字符串为小写 |
| fprintf | 把格式化文本写到文件或显示屏上 | sprintf | 用格式控制,数字转换成字符串 |
| sscanf | 用格式控制,字符串转换成数字 | char | ASCII 转换成字符串 |
| num2str | 数字转换成字符串 | int2str | 整数转换成字符串 |

(1) 字符串元素的提取

**例 2-8** 在命令窗口输入下面的命令行,读取例 2-7 中字符数组 $a$ 的第 3 个元素、$a$ 的第 1 个到 3 个元素,并使用 disp 函数显示 $a$ 的第 1 个到 3 个元素。

```
>> a=['mouse';'small';'field'];
>> a(3)
```
执行结果:
ans =
f
```
>> a(1:3)
```
执行结果:
ans =
    msf
```
>> disp(a(1:3))
```
执行结果:
    msf

**思考题 2**:已知 MATLAB 数组数据是按列存放,读取例 2-7 中字符数组 $a$ 的第 8 个元素、$a$ 的第 1 个到 8 个元素,并总结其规律。

(2) 字符串的 ASCII 操作

**例 2-9** 在命令窗口输入下面的命令行,求取字符串 str=′AaBbCc123′ 的 ASCII 码,并将其反变换字符串,存储在变量 STR 中。

```
>> str = 'AaBbCc123';
```

```
>> abs(str)
```
执行结果：
ans =
    65    97    66    98    67    99    49    50    51
```
>> STR = char(ans)
```
执行结果：
STR =
AaBbCc123
```
>> whos S
```
执行结果：
Name        Size            Bytes            Class
STR         1x9             18               char array

(3) 字符串的执行

**例 2-10** 已知在 MATLAB 中用 eval 函数来执行字符串，在命令窗口输入下面的命令行，尝试用 eval 执行路径改变命令。

```
>> cd D:\
>> pathname= 'C:\ ';
>> eval(['cd','',pathname]);
% 执行结果功能同执行命令行 cd C:\
```

(4) 字符串的运算

主要是指判断字符串是否相等，通过字符的运算来比较字符，字符串中字符的分类、查找与替换、字符串与数值的转换、数组与字符串的转换等。

判断字符串是否相等：

**例 2-11** 在命令窗口输入下面的命令行，调用函数 strcmp 和 strncmp 判断字符串 word1、word2 是否相等。

```
>> word1 = 'whatmate ';
>> word2 = 'whatever';
>> N = strcmp(word1,word2)
```
执行结果：
N =
    0
```
>> M= strncmp(word1,word2,4)
```
执行结果：
M =
    1

(5) 字符串比较

**例 2-12** 在命令窗口输入下面的命令行，使用运算比较符来比较字符串 word1、word2。注：此时必须满足 word1、word2 是相同维数的。

```
>> word1 = 'whatmate';
>> word2 = 'whatever';
```

```
>> N = (word1 = = word2)
```
执行结果：
```
N =
    1   1   1   1   0   0   0   0
```
由例 2-12 可知，用运算来比较字符串是否相等时，将对这两个字符数组中的字符逐个进行比较，运算符会根据字符所对应的 ASCII 码进行比较，当字符之间的关系满足运算时，返回真值为 1，反之返回假值为 0。

（6）字符串中字符的分类

**例 2-13** 在命令窗口输入下面的命令行，使用 isspace() 判断空格字符函数或通过字符运算等方法，对 word1 和 word2 进行字符分类操作。

```
>> word1 = 'what    ';        % what 加有四个空格字符
>> word2 = 'whatever';
>> isspace(word1)
```
执行结果：
```
ans =
    0   0   0   0   1   1   1   1
>> word2 = = 'e'                      % 可以统计 word2 中含有字符 e 的个数
```
执行结果：
```
ans =
    0   0   0   0   1   0   1   0
```
同上，返回值 1 为真、0 为假，统计对得到的数组求所有元素的和，就可以分别得到 word1 字符串的中空格字符总数和 word2 字符串的中"e"字符的总数。

（7）字符串查找与替换

**例 2-14** 在命令窗口输入下面的命令行，使用 findstr() 和 strrep() 字符串查找替换函数，实现字符串 s1 的查找与替换操作。

```
>> s1 = 'This is a good example.';
>> a1 = findstr(s1,'a')
```
执行结果：
```
a1 =
    9   18
>> a1 = findstr(s1,'good')
```
执行结果：
```
a1 =
    11
>> str = strrep(s1,'good','great')
```
执行结果：
```
str =
    This is a great example.
```

（8）字符串与数值的转换

在 MATLAB 中，字符串与数值的转换包括 num2str、int2str、str2num 和 str2double、 hex2num 和 hex2dec 等，下面给出以上转换函数应用的几个实例。

**例 2-15**  在命令窗口输入下面的命令行，使用 num2str 函数将矩阵 $t$ 转换为字符串。

```
>> t = randn(6,6)
```
执行结果：
```
t =
  -0.3775    1.4435    0.2120    0.3899    0.7812    0.9863
  -0.2959   -0.3510    0.2379    0.0880    0.5690   -0.5186
  -1.4751    0.6232   -1.0078   -0.6355   -0.8217    0.3274
  -0.2340    0.7990   -0.7420   -0.5596   -0.2656    0.2341
   0.1184    0.9409    1.0823    0.4437   -1.1878    0.0215
   0.3148   -0.9921   -0.1315   -0.9499   -2.2023   -1.0039
>> whos t
```
执行结果：
```
Name       Size           Bytes       Class
  t        6x6             288        double array
>> s = num2str(t)
```
执行结果：
```
s =
  -0.37747    1.4435    0.21204    0.38988    0.78118    0.98634
  -0.29589   -0.35097   0.23788    0.087987   0.56896   -0.51864
  -1.4751     0.62323  -1.0078    -0.63547   -0.82171    0.32737
  -0.234      0.79905  -0.74204   -0.55957   -0.26561    0.23406
   0.11844    0.94089   1.0823     0.44365   -1.1878     0.021466
   0.31481   -0.99209  -0.1315    -0.9499    -2.2023    -1.0039
>> whos s
```
执行结果：
```
Name       Size           Bytes       Class
  s        6x68            816        char array
```

**例 2-16**  在命令窗口输入下面的命令行，使用 mat2str 函数将数组转换成字符串。

```
>> s = [1 2 3;4 5 6;7 8 9]
```
执行结果：
```
s =
    1    2    3
    4    5    6
    7    8    9
>> mat2str(s)
```
执行结果：
```
ans =
    [1 2 3;4 5 6;7 8 9]
```

### 2.3.4 单元数组

单元数组（也称为单元型变量）是 MATLAB 语言特殊的一种数据结构，与结构型变量相似，能将不同类型的变量集成到一个单一的变量上，单元数组在工作空间中的状态，如图 2-3 所示。

图 2-3 单元数组在工作空间中的状态

(1) 单元数组的建立

**例 2-17** 在命令窗口输入下面的命令行，直接建立如下单元数组。

\>\> X = {1,'wang',1+ 3i,[1 2;3 4]}

执行结果：

X =

    [1]   'wang'   [1.0000+ 3.0000i]   [2x2 double]

**例 2-18** 在命令窗口输入下面的命令行，使用 cell 函数建立单元数组。

\>\> X = cell(2,2)

执行结果：

X =

    []   []
    []   []

\>\> X{1,1}= 1

执行结果：

X =

    [1]   []
    []   []

\>\> X{1,2}= 'wang'

执行结果：

X =

    [1]   'wang'
    []   []

\>\> X{2,2}= [1 2;3 4]

执行结果：

X=

    [1]   'wang'
    []   [2x2 double]

(2) 单元数组元素的显示与获取

**例 2-19** 在命令窗口输入下面的命令行，使用 celldisp 函数显示单元数组内容。

\>\> A = {1,'wang',1+ 3i,[1 2;3 4]};

\>\> celldisp(A)

执行结果：
A{1} =
    1
A{2} =
    wang
A{3} =
    1.0000 + 3.0000i
A{4} =
    1    2
    3    4

**例 2-20** 在命令窗口输入下面的命令行，使用花括号 { } 直接获取单元数组的内容。
```
>> A= {1,'wang',1+ 3i,[1 2;3 4]};
>> A{1}
```
执行结果：
ans =
    1
```
>> A{4}
```
执行结果：
ans =
    1    2
    3    4

(3) 单元数组的变维处理

**例 2-21** 在命令窗口输入下面的命令行，直接添加或删除单元数组的单元。
```
>> X = {1,'wang',1+ 3i,[1 2;3 4]};
>> Y = {[5 6;7 8],'li','zhang',[1 2 3;4 5 6]};
>> Z = [X,Y]
```
执行结果：
Z =
    [1]    'wang'    [1.0000+ 3.0000i]    [2x2 double]    [2x2 double]    'li'    'zhang'    [2x3 double]
```
>> Y = [X;Y]
```
执行结果：
Y =
    [        1]    'wang'    [1.0000+ 3.0000i]    [2x2 double]
    [2x2 double]    'li'    'zhang'    [2x3 double]
```
>> whos Z  U
```
执行结果：
  Name     Size      Bytes     Class
    Z      1x8       638       cell array
    U      2x4       638       cell array

```
>> V = U(1,:)
```
执行结果：
V =
    [1]    'wang'    [1.0000+ 3.0000i]    [2x2 double]
```
>> U(2,:) = []        % 使用空数组[]删除了单元数组 U 的第 2 行
```
执行结果：
U =
    [1]    'wang'    [1.0000+ 3.0000i]    [2x2 double]
```
>> whos U
```
执行结果：
  Name      Size       Bytes     Class
   U        1x4         304      cell array

**例 2-22**　在命令窗口输入下面的命令行，使用 reshape 函数改变单元数组的结构。
```
>> X = {1,'wang',1+ 3i,[1 2;3 4]};
>> Y = reshape(X,2,2)
```
执行结果：
Y=
    [  1]    [1.0000+ 3.0000i]
    'wang'   [2x2 double]
```
>> whos X  Y
```
执行结果：
  Name      Size       Bytes     Class
   X        1x4         304      cell array
   Y        2x2         304      cell array

此外，与单元数组相关的操作还有 iscell、cellfun 和 num2cell 等函数，受篇幅限制，这里就不一一列出，具体可以参考 MATLAB 帮助系统。

### 2.3.5　结构型变量

结构型变量（也称为结构型矩阵）的元素可以是不同的数据类型，它能将一组具有不同属性的数据纳入一个统一的变量名下进行管理，结构型变量在工作空间中的状态，如图 2-4 所示。

图 2-4　结构型变量在工作空间中的状态

（1）结构型变量的建立

建立结构型变量常用的方法有两种。一种是在命令窗口中直接输入，采用给结构成员赋值的办法，具体格式为：结构变量名.成员名=表达式。其中，表达式应理解为矩阵表达式。另外一种是使用 struct 函数。

**例 2-23**　在命令窗口输入下面的命令行，用直接输入法生成结构型变量 student。
```
>> student.score = [90 95 89 100 99];
>> student.name = 'Li Ning';
>> student.weight = 69;
```

```
>> student.height = 178;
>> student.number = 201908008;
>> student
```
执行结果：
student =
    score: [90 95 89 100 99]
    name: 'Li Ning'
    weight: 69
    height: 178
    number: 201908008
```
>> whos student
```
执行结果：

| Name | Size | Bytes | Class |
| --- | --- | --- | --- |
| student | 1x1 | 698 | struct array |

```
>> student(2).score= [60 65 79 30 80];
>> student(2).name= 'Ma Lin';
>> student(2).weight= 78;
>> student(2).height= 188;
>> student(2).number= 201909009;
>> student
```
执行结果：
student =
1x2 struct array with fields:
    score
    name
    weight
    height
    number

执行结果：
```
>> whos student
```

| Name | Size | Bytes | Class |
| --- | --- | --- | --- |
| student | 1x2 | 1074 | struct array |

需要注意的是，用户不能同时从多个结构型变量中取出某个成员变量。例如表达式 student.name 将会导致错误。如果用户需要调用所有学生名字，则必须使用循环语句。

**例 2-24** 在命令窗口输入下面的命令行，使用 struct 函数生成结构型变量 student。
```
>> student = struct('number',{201908008,201909009},'name',{'Li Ning','Ma Lin'})
```
执行结果：
student =
1x2 struct array with fields:

```
            number
            name
>> student(1).name
```
执行结果：
```
ans =
    Li Ning
```

(2) 结构型变量的基本操作

**例 2-25** 在命令窗口输入下面的命令行，在结构型变量 student 中直接添加成员变量。

```
>> student = struct('number',{201908008,201909009},'name',{'Li Ning','Ma Lin'});
>> student(1).gender = 'Male';
>> student(1).age = 21;
>> student(2).gender = 'Male';
>> student(2).age = 22;
>> student
```

执行结果：
```
student =
    1x2 struct array with fields:
        number
        name
        gender
        age
```

**例 2-26** 在命令窗口输入下面的命令行，使用 rmfield() 函数，在结构型变量 student 中删除成员变量。

```
>> student = struct('number',{200708008,200709009},'name',{'Li Ning','Ma Lin'});
>> student = rmfield(student,'name')
```

执行结果：
```
student =
1x2 struct array with fields:
  number
```

**例 2-27** 在命令窗口输入下面的命令行，使用 getfield() 和 setfield() 函数的修改结构型变量的元素值。

```
>> student = struct('number',{201908008,201909009},'name',{'Li Ning','Ma Lin'});
>> number1 = getfield(student(1),'number')
```

执行结果：
```
number1 =
    201908008
>> student(1).number
```

执行结果：
ans =
   201908008
>> setfield(student(1),'number',202008008);
>> student(1).number
执行结果：
ans =
   202008008

### 2.3.6 符号型变量

MathWorks 公司以 Maple 的内核作为符号计算引擎（Engine），依赖 Maple 已有的函数库，开发了实现符号计算的符号工具箱。符号型变量是 MATLAB 语言的一种特殊数据类型的变量，是 MATLAB 进行符号计算的基础。所谓符号计算是指在运算时，无须事先对变量赋值，所得到结果以标准的符号形式来表示。符号型变量在工作空间中的状态如图 2-5 所示。

图 2-5  符号型变量在工作空间中的状态

（1）符号变量、符号表达式和符号方程的建立

符号变量、符号表达式和符号方程的建立，常用两种方法：①使用 sym 函数或 syms 函数将式中的每个变量均定义为符号变量；②将整个表达式集体定义。但是，需要注意的是在使用方法②时，虽然生成了与方法①相同的表达式，却并没有将里面的变量也定义为符号变量。

**例 2-28**  在命令窗口输入下面的命令行，使用 sym 函数定义符号表达式 $ax^5+bx^2+\sin(x)+c$。

方法一：
```
>> a = sym('a');
>> b = sym('b');
>> c = sym('c');
>> x = sym('x');
>> y = a* x^5+ b* x^2+ sin(x)+ c
```
执行结果：
y =
  a* x^5 + b* x^2 + sin(x) + c

也可以
```
>> syms a b c x
>> y = a* x^5 + b* x^2 + sin(x) + c
```
执行结果：
y =
  a* x^5 + b* x^2 + sin(x) + c

方法二：

```
>> y = sym('a* x^5 + b* x^2 + sin(x) + c')
```
执行结果：
```
y =
    a* x^5 + b* x^2 + sin(x) + c
```

**例 2-29** 在命令窗口输入下面的命令行，使用 syms 函数生成符号方程式 $ax^5+bx^2+c=100$。

```
>> syms a b c x
>> f = sym('a* x^5 + b* x^2+ c = 100')
```
执行结果：
```
f =
    a* x^5 + b* x^2 + c = 100
```

（2）符号表达式的操作

① 合并符号表达式的同类项

**例 2-30** 在命令窗口输入下面的命令行，使用 collect() 函数合并符号表达式的同类项。注：collect() 函数格式为 $R=\text{collect}(s,v)$，$s$ 为符号表达式，$v$ 为符号变量。

```
>> syms x y
>> d = 5* x^2 + x^3 + y* x^2 + y + 1 + 5* x - y* x
```
执行结果：
```
d =
    5* x^2 + x^3 + x^2* y + y + 1 + 5* x - y* x
```
```
>> collect(d,x)
```
执行结果：
```
ans =
    x^3 + (5+ y)* x^2 + (5- y)* x + y + 1
```

② 符号多项式的因式分解

**例 2-31** 在命令窗口输入下面的命令行，使用 horner 函数() 对符号多项式进行因式分解。注：格式为 $R=\text{horner}(s)$，对符号表达式 $s$ 进行因式分解。

```
>> syms x
>> d = 2* x^3 + 4* x^2 + 5* x + 10
```
执行结果：
```
d=
  2* x^3 + 4* x^2 + 5* x + 10
```
```
>> horner(d)
```
执行结果：
```
ans =
    10 + (5 + (4 + 2* x)* x)* x
```

③ 符号多项式的化简

**例 2-32** 在命令窗口输入下面的命令行，使用 simplify() 和 simple() 函数对符号函数进行化简。

```
>> syms x
```

```
>> f= cos(x)^2 - sin(x)^2
```
执行结果：
```
f =
  cos(x)^2 - sin(x)^2
>> simplify(f)
```
执行结果：
```
ans =
   2* cos(x)^2 - 1
>> simple(f)
```
执行结果：
```
ans =
   cos(2* x)
```
通过观察上题结果发现，simplify（s）命令将符号表达式 s 中的每个元素都进行简化，而 simple（s）函数要比 simplify（s）函数简单，所得的结果也比较合理。

④ 符号表达式的替换求值

**例 2-33**　在命令窗口输入下面的命令行，使用 subs（）函数对符号表达式中的字符型变量用其他变量（如数值型变量 2、符号型变量 $y$）替换求值。
```
>> syms x y
>> f = x^2 - x;
>> subs(f,x,2)
```
执行结果：
```
ans =
   2
>> subs(f,x,y)
```
执行结果：
```
ans =
   y^2 - y
```

**例 2-34**　求解方程组 $\begin{cases} ax-by=1 \\ ax+by=5 \end{cases}$，并算出 $a=2$、$b=5$ 时，$x$、$y$ 的值。
```
>> syms a b x y
>> [x,y]= solve(a* x - b* y - 1,a* x + b* y - 5,x,y)
```
执行结果：
```
x =
  3/a
y =
  2/b
>> subs(x,2,a)
```
执行结果：
```
ans =
   1.5000
```

```
>> subs(y,5,b)
```
执行结果：
```
ans =
    0.4000
```
⑤ 符号微积分运算

**例 2-35** 在命令窗口输入下面的命令行，使用 limit（ ）函数求下列函数的极限。
```
>> syms a x;
>> f = sin(x)/x;
>> limit(f,x,a)
```
执行结果：
```
ans =
    sin(a)/a
>> limit(f,x,0)
```
执行结果：
```
ans =
    1
>> limit(f,x,inf)
```
执行结果：
```
ans =
    0
```

**例 2-36** 在命令窗口输入下面的命令行，使用 diff（ ）函数求下列函数的微分。注：该函数格式为 diff $(s, v, n)$，$v$ 为符号变量，导数阶数为 $n$。
```
>> syms x y
>> f = y^2* x^5;
>> f1 = diff(f,x,2)
```
执行结果：
```
f1 =
    20* y^2* x^3
>> f2 = diff(f1,y,1)
```
执行结果：
```
f2 =
    40* y* x^3
>> f3 = sin(x)
```
执行结果：
```
f3 =
    sin(x)
>> f4 = diff(f3,x,1)
```
执行结果：
```
f4 =
    cos(x)
```

```
>> f5 = diff(f3,x,2)
```
执行结果：
```
f5 =
    - sin(x)
```

**例 2-37**  在命令窗口输入下面的命令行，使用 int () 函数求下列函数的定积分和不定积分。注：该函数格式为 int (s, v, a, b)，求定积分运算，以 v 为自变量，a 与 b 分别表示定积分的下限和上限；如果省略 a 与 b，则为求解被积函数或符号表达式 s 求不定积分。

```
>> syms x
>> y = int(x.* log(1 + x),0,1)    % 求取定积分
```
执行结果：
```
y =
    1/4
```
```
>> int(1/(1 + x^2))    % 求取不定积分
```
执行结果：
```
ans =
    atan(x)
```

此外，MATLAB 还支持反函数（finverse）、复合函数运算（compose）等操作，受篇幅限制，在这里就不一一介绍了，具体请参考 MTALAB 帮助系统。

⑥ 符号函数画图　MATLAB 符号工具箱也为用户采用符号函数进行画图提供了便利，符号函数画图可以通过函数 ezplot 或 fplot 来实现，受篇幅限制，这里只介绍 ezplot。

**例 2-38**  在命令窗口输入下面的命令行，使用 ezplot () 函数画出下列函数。
```
>> ezplot('sin(x)',[- 2* pi 2* pi])
>> ezplot('x^2-y^4',[- 2,2,- 2,2])
>> ezplot('sin(3* t)* cos(t)','sin(3* t)* sin(t)',[0 pi])
```

# 3 MATLAB数值计算

**知识要点**

★数组、向量及矩阵运算；
★MATLAB中的多项式运算；
★常用的MATLAB数据分析函数的使用。

## 3.1 数组及向量运算

在MATLAB中，以一种非常直观的方式来处理数组。

### 3.1.1 数组及向量的构造

（1）用方括号创建数组

MATLAB数组运算主要是针对多个执行同样的计算而运用的，可使用方括号"[ ]"建立数组，数组间元素以空格（或逗号）为间隔，与C语言不同，在MATLAB中数组下标从"1"开始。

**例3-1** 在命令窗口输入下面的命令行，建立行向量数组$x$和$y$。
```
>> x = [1 3 5 7 9]        % 使用空格分隔
```
执行结果：
```
x =
     1     3     5     7     9
```
执行结果：
```
>> y = [1,3,5,7,9]        % 使用逗号分隔
```
执行结果：
```
y =
     1     3     5     7     9
```

以上创建数组的方法主要生成的是行向量的数组，有时还需要创建列向量的数组，最简单的方法是用分号来分隔，或将行向量数组用符号（'）进行转置。

**例3-2** 在命令窗口输入下面的命令行，创建列向量数组$x$，$y$和多维数组$z$。
```
>> x = [1;3;5;7;9]
```

执行结果：
x =
    1
    3
    5
    7
    9
\>\> y = [1 3 5 7 9]'
执行结果：
y=
    1
    3
    5
    7
    9
\>\> z = [1 2 3;4 5 6;7 8 9]
执行结果：
z =
    1    2    3
    4    5    6
    7    8    9

(2) 利用冒号表达式或函数来创建数组

冒号表达式定义为：first：increment：last，表示创建一个从 first 开始，到 last 结束，数据元素的增量为 increment 的数组，其中 increment 默认值为 1。

**例 3-3**  在命令窗口输入下面的命令行，利用冒号表达式建立数组 $x$。

\>\> x = 0:0.2:1

执行结果：

x =
    0    0.2000    0.4000    0.6000    0.8000    1.0000

**例 3-4**  在命令窗口输入下面的命令行，利用 linspace（）函数来创建数组 $x$。注：函数调用格式如下：linspace（first，last，number），表示创建一个从 first 开始到 last 结束，包含有 number 个数据的数组。

\>\> x = linspace(0,1,6)

执行结果：

x =
    0    0.2000    0.4000    0.6000    0.8000    1.0000

**例 3-5**  在命令窗口输入下面的命令行，利用 logspace 函数来创建数组 $x$。注：函数调用格式如下：logspace（first，last，number），表示创建一个从 10first 开始到 10last 结束，包含有 number 个数据的数组。

\>\> x = logspace(0,2,5)

执行结果：
x =
    1.0000    3.1623    10.0000    31.6228    100.0000

### 3.1.2 数组的访问寻址与排序

(1) 数组的寻址

由于数组是由多个元素组成的，可通过对数组下标的访问实现对数组的寻址访问。

**例 3-6** 在命令窗口输入下面的命令行，实现数组的访问寻址操作。

```
>> A = [1 2 3;4 5 6;7 8 9];
```
执行结果：
```
A =
    1    2    3
    4    5    6
    7    8    9
>> A(3)              % 访问数组第三个元素,注意数据存储是按列进行的
```
执行结果：
```
ans =
    7
>> A(1:1:3)          % 使用冒号表达式连续访问
```
执行结果：
```
ans =
    1    4    7
>> A([1 4 7])        % 使用数组进行离散选择性访问
```
执行结果：
```
ans =
    1    2    3
>> A(4:end)          % 使用冒号表达式连续访问到 end 最后一个
```
执行结果：
```
ans =
    2    5    8    3    6    9
```

由上例可知，当用户需要访问数据时，可以使用 MATLAB 提供的冒号表达式、向量等。此外，还提供了 end 参数来表示数组的结尾。

(2) 数组排序

**例 3-7** 在命令窗口输入下面的命令行，使用 sort() 函数对进行排序操作。注：函数调用格式如下：sort($X$, dim, mode)，参数 dim 选择用于排列的维（即列或行），参数 mode 决定了排序方式，升序'ascend'、降序'descend'。

```
>> A = [3 7 5;0 4 2];
>> sort(A,1,'ascend')    % 按列进行升序排序
```
执行结果：
```
ans =
```

```
     0     4     2
     3     7     5
>> sort(A,2,'descend')   % 按行进行降序排序
```
执行结果：
```
ans =
     7     5     3
     4     2     0
```

### 3.1.3 数组运算

(1) 数组与标量间的四则运算

数组与标量之间的四则运算是指数组中的每个元素与标量进行加、减、乘、除运算，具体见如下面的例子。

**例 3-8** 在命令窗口输入下面的命令行，完成数组与标量间的四则运算。
```
>> x = [1 2 3;4 5 6;7 8 9]
```
执行结果：
```
x =
     1     2     3
     4     5     6
     7     8     9
>> y= x- 1
```
执行结果：
```
y =
     0     1     2
     3     4     5
     6     7     8
>> z = (x* 3- 3)/2
```
执行结果：
```
z =
         0    1.5000    3.0000
    4.5000    6.0000    7.5000
    9.0000   10.5000   12.0000
```

(2) 数组间的四则运算

数组间进行四则运算时，要求参与运算的数组必须具有相同的维数，对应元素进行运算，运算符号为".*"".\"或"./"，后文中本书将其称为"点运算"。

**例 3-9** 在命令窗口输入下面的命令行，完成数组与数组间的加减运算。
```
>> x = [1 2 3;4 5 6;7 8 9];
>> y = [0 1 2;3 4 5;6 7 8];
>> z = x- y
```
执行结果：
```
z =
```

```
        1    1    1
        1    1    1
        1    1    1
```

**例 3-10**　在命令窗口输入下面的命令行，完成数组与数组间的乘除运算。

```
>> x = [1 2 3;4 5 6;7 8 9]
```

执行结果：

```
x =
     1    2    3
     4    5    6
     7    8    9
```

```
>> y = x.*x
```

执行结果：

```
y =
      1     4     9
     16    25    36
     49    64    81
```

```
>> z = x.^2        % 数组的幂运算
```

执行结果：

```
z =
      1     4     9
     16    25    36
     49    64    81
```

（3）数组的指数运算、对数运算与开方运算

**例 3-11**　在命令窗口输入下面的命令行，使用 sqrt（）函数完成数组的开方运算。注：指数运算函数 exp（）和对数运算函数 log（）使用方法相同。

```
>> x = [1 4 9;16 25 36;49 64 81];
>> y = sqrt(x)
```

执行结果：

```
y =
     1    2    3
     4    5    6
     7    8    9
```

### 3.1.4　向量运算

向量的运算主要包括向量的点积、叉积、混合积运算。

（1）向量的点积运算

**例 3-12**　在命令窗口输入下面的命令行，使用 dot（）函数完成向量的点积运算。注：函数调用格式如下：$C = \text{dot}(A, B)$，当 $A$，$B$ 均为列向量时，其结果同 $\text{sum}(A.*B)$。

```
>> x = [1 2 3 4 5];
>> y = [2 3 4 5 6];
```

```
>> dot(x,y)
```
执行结果:
ans =
    70
```
>> sum(x.* y)
```
执行结果:
ans =
    70

（2）向量的叉积运算

**例 3-13**  在命令窗口输入下面的命令行，使用 cross() 函数完成向量的叉积运算。注：函数调用格式如下：$C=\text{cross}(A，B)$。
```
>> a = [1 2 3];
>> b = [4 5 6];
>> c = cross(a,b)
```
执行结果:
c =
   -3    6   -3

（3）向量的混合积

**例 3-14**  在命令窗口输入下面的命令行，完成向量的混合积运算。
```
>> a = [2 4 5];
>> b = [3 8 10];
>> c = [0 5 4];
>> d = dot(a,cross(b,c))
```
执行结果:
d =
   -9

## 3.2 矩阵运算

MATLAB 最大的特色就是强大的矩阵运算功能，矩阵为参与运算的基本单元，因此，它对矩阵的运算功能也是最全面的。

### 3.2.1 矩阵的建立

（1）直接输入法

元素较少的简单矩阵可以采用直接输入法，具体方法如下：将矩阵的元素用方括号"[ ]"括起来，按矩阵行的顺序输入各元素，同一行的各元素之间用空格或逗号","分隔，不同行的元素之间用分号";"分隔。

**例 3-15**  用直接输入方法建立矩阵。
```
>> x = [1 2 3;4 5 6;7 8 9]
```
执行结果:

```
x =
    1    2    3
    4    5    6
    7    8    9
```

此外，也可以通过使用方括号"[ ]"将小矩阵或向量来建立比较复杂的大矩阵。

**例 3-16** 使用方括号[ ]和小矩阵来建立大矩阵。

```
>> x = [1 2;3 4];
>> y = [5 6;7 8];
>> z = [x y]
```

执行结果：

```
z =
    1    2    5    6
    3    4    7    8
>> z = [x;y]
```

执行结果：

```
z =
    1    2
    3    4
    5    6
    7    8
```

（2）利用 M 文件建立矩阵

对于比较大且比较复杂的矩阵，可以为它建立一个 M 文件，通过运行 M 文件的方式建立矩阵。下面通过一个简单例子来说明如何利用 M 文件创建矩阵，如图 3-1 所示。

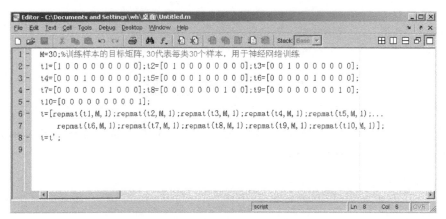

图 3-1 使用 M 文件建立矩阵

**例 3-17** 用 M 文件方法建立矩阵。

```
M = 30;    % 训练样本的目标矩阵,30代表每类 30 个样本,用于神经网络训练
t1 = [1 0 0 0 0 0 0 0 0 0];t2 = [0 1 0 0 0 0 0 0 0 0];t3 = [0 0 1 0 0 0 0 0 0 0];
t4 = [0 0 0 1 0 0 0 0 0 0];t5 = [0 0 0 0 1 0 0 0 0 0];t6 = [0 0 0 0 0 1 0 0 0 0];
t7 = [0 0 0 0 0 0 1 0 0 0];t8 = [0 0 0 0 0 0 0 1 0 0];t9 = [0 0 0 0 0 0 0 0 1 0];
```

```
t10 = [0 0 0 0 0 0 0 0 1];
t = [repmat(t1,M,1);repmat(t2,M,1);repmat(t3,M,1);repmat(t4,M,1);
repmat(t5,M,1);...
    repmat(t6,M,1);repmat(t7,M,1);repmat(t8,M,1);repmat(t9,M,1);repmat(t10,M,1)];
t = t';
```

(3) 用 MATLAB 函数创建矩阵

常用建立矩阵函数见表 3-1。

**表 3-1 常用建立矩阵函数**

| 函数名称 | 具体功能 | 函数名称 | 具体功能 |
| --- | --- | --- | --- |
| rand | 随机矩阵 | vandermonde | 范得蒙矩阵 |
| eye | 单位矩阵 | hilb | 希尔伯特矩阵 |
| zeros | 全 0 矩阵 | toeplitz | 托普利兹矩阵 |
| ones | 全 1 矩阵 | pascal | 帕斯卡矩阵 |
| [ ] | 空阵 | magic | 魔方矩阵 |

**例 3-18** 使用 MATLAB 函数创建矩阵。

```
>> X = eye(3)
```

执行结果：

```
X =
    1    0    0
    0    1    0
    0    0    1
>> X = []                    % 此时 x 已被删除
```

执行结果：

```
X =
    []
```

### 3.2.2 矩阵的修改

(1) 直接修改

当矩阵变量已经进入 workspace 窗口中以后，可以双击矩阵变量，通过矩阵编辑界面（如图 3-2 所示）对矩阵进行直接修改。

(2) 指令修改

除了前面的直接修改方法外，也可以用 $X(*,*)=Y$ 来修改。注：当 $Y=[]$ 时，代表矩阵 $A$ 的内容被删除。

**例 3-19** 使用指令对矩阵进行修改。

```
>> x = [0 7 5;10 4 2]
```

执行结果：

```
x=
    0    7    5
```

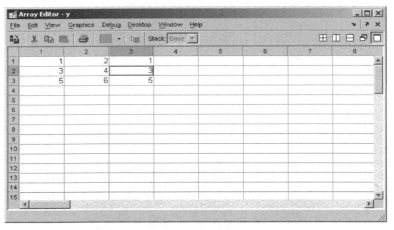

图 3-2 矩阵编辑界面

```
    10    4    2
>> x(1,1) = 100
```
执行结果：

x=

   100    7    5

    10    4    2

（3）使用 find 函数修改

**例 3-20** 使用 find（ ）函数对矩阵进行修改。

```
>> x = [1 2 3;2 2 2;4 5 6]
```
执行结果：

x=

    1    2    3

    2    2    2

    4    5    6

```
>> find(x = = 2)
```
执行结果：

ans=

   2   4   5   8

% find(x = = 2) 的返回值为一个向量，是矩阵中元素值等于 2 的标号。

```
>> x(find(x = = 2))= 100    % 将矩阵 x 中所有等于 2 的元素全部用 100 替换
```
执行结果：

x=

    1  100    3

  100  100  100

    4    5    6

```
>> x(find(x> 3)) = 0    % 将新矩阵 x 中所有大于 3 的元素全部用 0 替换
```
执行结果：

```
x=
    1    0    3
    0    0    0
    0    0    0
```

### 3.2.3 矩阵的拆分

(1) 矩阵元素

矩阵可通过下标引用矩阵的元素（Subscript），也可以矩阵元素的序号（Index）获取矩阵元素。矩阵元素的序号就是相应元素在内存中的排列顺序，序号与下标是对应的，相互转换关系也可利用 sub2ind 和 ind2sub 函数求得。

**例 3-21** 使用 sub2ind( ) 函数获取矩阵元素。

```
>> x = [1,2,3;4,5,6];
>> x(1,2)
```
执行结果：
```
ans =
    2
>> x(3)
```
执行结果：
```
ans =
    2
>> sub2ind(size(x),1,2)
```
执行结果：
```
ans =
    3
>> x(sub2ind(size(x),1,2))
```
执行结果：
```
ans =
    2
```

(2) 矩阵的拆分

矩阵拆分的调用格式为：

$X$［表达式1，表达式2］

① $X(i,:)$ 表示矩阵第 $i$ 行的全部元素；

$X(:,j)$ 表示取矩阵的第 $j$ 列全部元素；

$X(i,j)$ 表示取矩阵第 $i$ 行、第 $j$ 列的元素。

② $X(i:i+m,:)$ 表示取矩阵第 $i \sim i+m$ 行的全部元素；

$X(:,k:k+m)$ 表示取矩阵第 $k \sim k+m$ 列的全部元素

$X(i:i+m,k:k+m)$ 表示取矩阵第 $i \sim i+m$ 行内，并在第 $k \sim k+m$ 列中的所有元素。

③ $X([i1,i2,\cdots],:)$ 表示取矩阵的第 $i1,i2,\cdots$ 行全部元素；

$X(:,[j1,j2,\cdots])$ 表示取 $X$ 矩阵的第 $j1,j2,\cdots$ 列全部元素；

$X([i1, i2, \cdots], [j1, j2, \cdots])$ 表示取矩阵元素 $X(i1, j1)$、$X(i2, j2)$ $\cdots$

**例 3-22** 在命令窗口输入下面的命令行,完成矩阵的拆分操作。

```
>> x = magic(5)
```
执行结果:
```
x =
    17    24     1     8    15
    23     5     7    14    16
     4     6    13    20    22
    10    12    19    21     3
    11    18    25     2     9
```
```
>> x(2,:)          % 访问矩阵 x 的第 2 行所有元素
```
执行结果:
```
ans =
    23     5     7    14    16
```
```
>> x(:,2)          % 访问矩阵 x 的第 2 列所有元素
```
执行结果:
```
ans =
    24
     5
     6
    12
    18
```
```
>> x(2:4,:)        % 访问矩阵 x 的第 2 行至第 4 行所有元素
```
执行结果:
```
ans =
    23     5     7    14    16
     4     6    13    20    22
    10    12    19    21     3
```
```
>> x(2:4,3:4)      % 访问矩阵 x 的第 2 行至第 4 行,第 3 列至第 4 列所有元素
```
执行结果:
```
ans =
     7    14
    13    20
    19    21
```
```
>> x([1 5],[2 4])  % 访问矩阵 x 的第 1 行和第 5 行,第 2 列和第 4 列所有元素
```
执行结果:
```
ans =
    24     8
    18     2
```

```
>> x(4:end,4:end)          % 访问矩阵 x 的第 4 行至第末行,第 3 列至第末列所有元素
```
执行结果:
```
ans =
    21    3
     2    9
```

此外,还可利用一般向量和 end 运算符来表示矩阵下标,从而获得子矩阵。end 表示某一维的末尾元素下标。

### 3.2.4 矩阵的基本运算

(1) 基本算术运算

MATLAB 的基本算术运算有 +(加)、-(减)、*(乘)、/(右除)、\(左除)、^(乘方)。注意,运算是在矩阵意义下进行的,单个数据的算术运算只是一种特例。

① 矩阵加减运算 若 **X** 和 **Y** 矩阵的维数相同,则可以执行矩阵的加减运算,**X** 和 **Y** 矩阵的相应元素相加减。如果 **X** 与 **Y** 的维数不相同,则 MATLAB 将给出错误信息,提示用户两个矩阵的维数不匹配。

**例 3-23** 在命令窗口输入下面的命令行,完成矩阵的加减运算。
```
>> X = magic(3)
```
执行结果:
```
X =
    8    1    6
    3    5    7
    4    9    2
>> Y = round(rand(3) * 10)
```
执行结果:
```
Y =
    4    9    4
    6    7    9
    8    2    9
>> Z = ones(4)
```
执行结果:
```
Z =
    1    1    1    1
    1    1    1    1
    1    1    1    1
    1    1    1    1
>> X + Y
```
执行结果:
```
ans =
    12   10   10
     9   12   16
```

```
        12    11    11
>> X - Z
```
执行结果:
```
??? Error using ==>  minus
Matrix dimensions must agree.
```

② 矩阵乘法　对于两个矩阵 $X$ 和 $Y$，若 $X$ 为 $m\times n$ 矩阵，$Y$ 为 $n\times p$ 矩阵，则 $Z=X*Y$ 为 $m\times p$ 矩阵。如果 $X$ 与 $Y$ 的维数不匹配，则 MATLAB 将给出错误信息。

例 3-24　在命令窗口输入下面的命令行，完成矩阵的乘法运算。
```
>> X = [1 2 3;4 5 6]
```
执行结果:
```
X =
     1    2    3
     4    5    6
>> Y = [1 2;3 4;5 6]
```
执行结果:
```
Y =
     1    2
     3    4
     5    6
>> X* Y
```
执行结果:
```
ans =
    22    28
    49    64
>> Y* X
```
执行结果:
```
ans =
     9    12    15
    19    26    33
    29    40    51
```

③ 矩阵除法　在 MATLAB 中，有两种矩阵除法运算：左除（\）和右除（/）。若 $X$ 矩阵是非奇异方阵，则 $X\backslash Y$ 和 $Y/X$ 运算可以实现，一般情况下，$X\backslash Y \neq Y/X$。其中，$X\backslash Y$ 等效于 $X$ 的逆左乘 $B$ 矩阵，也就是 inv($X$) $*Y$，而 $Y/X$ 等效于 $X$ 矩阵的逆右乘 $Y$ 矩阵，也就是 $Y*$ inv($X$)。

例 3-25　在命令窗口输入下面的命令行，完成矩阵的除法运算。
```
>> X = magic(3)
```
执行结果:
```
X =
     8    1    6
```

```
                   3    5    7
                   4    9    2
>> Y=[2 0 0;0 3 0;0 0 1]
```
执行结果：
```
Y =
     2    0    0
     0    3    0
     0    0    1
>> X\Y
```
执行结果：
```
ans =
     0.2944   - 0.4333     0.0639
   - 0.1222     0.0667     0.1056
   - 0.0389     0.5667   - 0.1028
>> inv(X)*Y
```
执行结果：
```
ans =
     0.2944   - 0.4333     0.0639
   - 0.1222     0.0667     0.1056
   - 0.0389     0.5667   - 0.1028
>> Y/X
```
执行结果：
```
ans =
     0.2944   - 0.2889     0.1278
   - 0.1833     0.0667     0.3167
   - 0.0194     0.1889   - 0.1028
>> Y*inv(X)
```
执行结果：
```
ans =
     0.2944   - 0.2889     0.1278
   - 0.1833     0.0667     0.3167
   - 0.0194     0.1889   - 0.1028
```

④ 矩阵的乘方　矩阵的乘方运算可以表示成 $X \wedge Y$，要求 $X$ 为方阵，$Y$ 为标量。

**例 3-26**　在命令窗口输入下面的命令行，完成矩阵的乘方运算。
```
>> X=[1 2 3;4 5 6;7 8 9];
>> X^2
```
执行结果：

ans =

|  |  |  |
|---|---|---|
| 30 | 36 | 42 |
| 66 | 81 | 96 |
| 102 | 126 | 150 |

&gt;&gt; X^3

执行结果：

ans =

|  |  |  |
|---|---|---|
| 468 | 576 | 684 |
| 1062 | 1305 | 1548 |
| 1656 | 2034 | 2412 |

（2）矩阵的点运算

矩阵的"点运算"运算算符包括". *"". /"". \"和". ^"，两矩阵进行点运算是指它们的对应元素进行相关运算，这里要求两矩阵的维参数相同。

**例 3-27** 在命令窗口输入下面的命令行，完成矩阵的乘法点运算，比较与矩阵的乘法运算的区别。

&gt;&gt; X = [1 2 3;4 5 6;7 8 9]

执行结果：

X =

|  |  |  |
|---|---|---|
| 1 | 2 | 3 |
| 4 | 5 | 6 |
| 7 | 8 | 9 |

&gt;&gt; Y = magic(3)

执行结果：

Y =

|  |  |  |
|---|---|---|
| 8 | 1 | 6 |
| 3 | 5 | 7 |
| 4 | 9 | 2 |

&gt;&gt; X. * Y

执行结果：

ans =

|  |  |  |
|---|---|---|
| 8 | 2 | 18 |
| 12 | 25 | 42 |
| 28 | 72 | 18 |

&gt;&gt; X* Y

执行结果：

ans =

|  |  |  |
|---|---|---|
| 26 | 38 | 26 |
| 71 | 83 | 71 |
| 116 | 128 | 116 |

## 3.2.5 矩阵分析

（1）对角阵与三角阵

**例 3-28** 在命令窗口输入下面的命令行，使用 diag（）函数提取矩阵的对角线元素和构造对角矩阵。注：diag（）函数调用形式为：①提取矩阵的对角线元素 diag（$X$）函数调用形式 diag（$X,k$），其功能是提取第 $k$ 条对角线的元素；②构造对角矩阵 diag（$V,k$），其功能是产生一个对角阵，其第 $k$ 条对角线的元素即为向量 $V$ 的元素。$k$ 的取值见图 3-3。

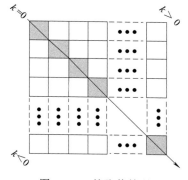

图 3-3　$k$ 的取值情况

```
>> X = [1 2 3;4 5 6;7 8 9]
```
执行结果：
```
X =
    1    2    3
    4    5    6
    7    8    9
```
```
>> V = diag(X,0)
```
执行结果：
```
V =
    1
    5
    9
```
```
>> diag(X,1)
```
执行结果：
```
ans =
    2
    6
```
```
>> diag(X,-1)
```
执行结果：
```
ans =
    4
    8
```
```
>> diag(V,0)
```
执行结果：
```
ans =
    1    0    0
    0    5    0
    0    0    9
```
```
>> diag(V,1)
```
执行结果：

```
ans =
     0   1   0   0
     0   0   5   0
     0   0   0   9
     0   0   0   0
>> diag(V,-1)
```
执行结果：
```
ans =
     0   0   0   0
     1   0   0   0
     0   5   0   0
     0   0   9   0
```

**例 3-29** 先建立 5×5 矩阵 $X$，然后将 $X$ 的第一行元素乘以 1，第二行乘以 2，…，第五行乘以 5。

```
>> X = magic(5);
>> Y = diag(1:5,0)
```
执行结果：
```
Y =
     1   0   0   0   0
     0   2   0   0   0
     0   0   3   0   0
     0   0   0   4   0
     0   0   0   0   5
>> Z= Y* X
```
执行结果：
```
Z=
    17   24    1    8   15
    46   10   14   28   32
    12   18   39   60   66
    40   48   76   84   12
    55   90  125   10   45
>> X
```
执行结果：
```
X=
    17   24    1    8   15
    23    5    7   14   16
     4    6   13   20   22
    10   12   19   21    3
    11   18   25    2    9
```

**例 3-30** 在命令窗口输入下面的命令行，使用 triu（ ）函数和 tril（ ）函数构造三角矩阵。注：这两个函数调用形式为：①上三角矩阵 triu（X）函数调用形式 triu（X，k），其功能是求矩阵 X 的第 k 条对角线以上的元素；②下三角矩阵 tril（X，k）函数与 triu（X）函数相似。

```
>> X = ones(4,4)
```
执行结果：
```
X =
    1    1    1    1
    1    1    1    1
    1    1    1    1
    1    1    1    1
```
```
>> triu(X,0)
```
执行结果：
```
ans =
    1    1    1    1
    0    1    1    1
    0    0    1    1
    0    0    0    1
```
```
>> triu(X,1)
```
执行结果：
```
ans =
    0    1    1    1
    0    0    1    1
    0    0    0    1
    0    0    0    0
```
```
>> triu(X,-1)
```
执行结果：
```
ans =
    1    1    1    1
    1    1    1    1
    0    1    1    1
    0    0    1    1
```
```
>> tril(X,0)
```
执行结果：
```
ans =
    1    0    0    0
    1    1    0    0
    1    1    1    0
    1    1    1    1
```

（2）矩阵的转置与旋转

① 矩阵的转置　　转置运算符是单撇号（'）。

② 矩阵的旋转　利用函数 rot90（X，k）将矩阵 **X** 逆时针旋转 90°的 k 倍，当 k 为 1 时可省略。

③ 矩阵的左右翻转　对矩阵实施左右翻转是将原矩阵的第一列和最后一列调换，第二列和倒数第二列调换……，依此类推。MATLAB 对矩阵 **X** 实施左右翻转的函数是 fliplr（X）。

④ 矩阵的上下翻转　MATLAB 对矩阵 **X** 实施上下翻转的函数是 flipud（X）。

**例 3-32**　在命令窗口输入下面的命令行，完成矩阵的转置与旋转操作。

```
>> X = magic(4);
>> Y = X(1:3,:)
```

执行结果：

```
Y =
    16     2     3    13
     5    11    10     8
     9     7     6    12
>> Y'
```

执行结果：

```
ans =
    16     5     9
     2    11     7
     3    10     6
    13     8    12
>> rot90(Y,1)
```

执行结果：

```
ans =
    13     8    12
     3    10     6
     2    11     7
    16     5     9
>> fliplr(Y)
```

执行结果：

```
ans =
    13     3     2    16
     8    10    11     5
    12     6     7     9
>> flipud(Y)
```

执行结果：

```
ans =
     9     7     6    12
     5    11    10     8
    16     2     3    13
```

(3) 矩阵的逆与伪逆

若矩阵 **X** 是方阵,则 **X** 的逆矩阵可调用函数 inv(X)。反之,矩阵 **X** 不是一个方阵,则矩阵 **X** 的伪逆可用函数 pinv(X) 求取。

**例 3-32** 求解下列线性方程组。

```
>> a = [2, - 3,1;8,3,2;45,1, - 9];
>> b = [4;2;17];
>> x = inv(a)* b
```

执行结果:

```
x =
    0.4784
   - 0.8793
    0.4054
```

(4) 方阵的行列式

若把一个方阵看作一个行列式,并对其按行列式的规则求值,这个值就称为矩阵所对应的行列式的值。在 MATLAB 中,求方阵 **X** 所对应的行列式的值的函数是 det(X)。

(5) 矩阵的秩与迹

**例 3-33** 在命令窗口输入下面的命令行,使用 rank(X) 和 trace(X) 分别求解矩阵 **X** 的秩和迹。

```
>> X = [2, - 3,1;8,3,2;45,1, - 9];
>> rank(X)
```

执行结果:

```
ans =
     3
>> trace(X)
```

执行结果:

```
ans =
    - 4
```

(6) 矩阵的特征值与特征向量

**例 3-34** 在命令窗口输入下面的命令行,使用特征值和特征向量 eig( ) 函数求解矩阵 **X** 的特征值与特征向量。注:函数常用的调用格式有 2 种:①eig(A),求矩阵全部特征值,构成向量;②[V, D]= eig(A),求矩阵全部特征值,构成对角阵 **D**,**V** 为特征向量。

```
>> A = [2, - 3,1;8,3,2;45,1, - 9];
>> eig(A)
```

执行结果:

```
ans =
  - 12.8692
    4.4346 + 5.6986i
    4.4346 - 5.6986i
>> [V,D]= eig(A)
```

执行结果：
V =
- 0.0835          0.2239 + 0.1090i    0.2239 - 0.1090i
- 0.0830          0.2824 - 0.5138i    0.2824 + 0.5138i
  0.9930          0.7709              0.7709
D =
- 12.8692         0                   0
  0               4.4346 + 5.6986i    0
  0               0                   4.4346 - 5.6986i
>> diag(D)
执行结果：
ans =
- 12.8692
  4.4346 + 5.6986i
  4.4346 - 5.6986i

### 3.2.6 关系运算与逻辑运算

(1) 关系运算

① 两个维数相同的矩阵参与运算时，两矩阵相同位置的对应元素按标量关系运算规则逐个进行，并给出元素比较结果。结果是一个维数与原矩阵相同的矩阵，它的元素由"0"或"1"组成。注："0"为假，"1"为真。

② 当矩阵和标量参与运算时，则把标量与矩阵的每一个元素按标量关系运算规则逐个比较，结果是一个维数与原矩阵相同的矩阵。

**例 3-35** 在命令窗口输入下面的命令行，完成矩阵的关系运算。

```
>> X = [2,- 3,1;8,3,2;45,1,- 9]
>> Y = [2 3 4;5 6 7;8 9 0];
```

执行结果：
X=
     2    - 3     1
     8      3     2
    45      1    - 9
>> X> 0
执行结果：
ans =
    1    0    1
    1    1    1
    1    1    0
>> X<= Y
执行结果：
ans =

```
     1     1     1
     0     1     1
     0     1     1
```

(2) 逻辑运算

在算术、关系、逻辑运算中，算术运算优先级最高，逻辑运算优先级最低。MATLAB 逻辑运算方式与关系运算类似，这里就不重复介绍了。

**例 3-36** 在命令窗口输入下面的命令行，完成矩阵的逻辑运算。

```
>> A = [2,0,1;8,0,2;3,1,- 9];
>> B = [2 3 4;5 6 7;8 9 0];
>> ~A
执行结果：
ans =
     0     1     0
     0     1     0
     0     0     0
>> A&B
执行结果：
ans =
     1     0     1
     1     0     1
     1     1     0
>> A-2&B
执行结果：
ans =
     0     1     1
     1     1     0
     1     1     0
```

### 3.2.7 稀疏矩阵

(1) 稀疏矩阵存储方式

MATLAB 的矩阵有两种存储方式，即完全存储方式和稀疏存储方式。完全存储方式是将矩阵的全部元素按列存储，前文矩阵的存储方式都是按这个方式存储的。稀疏存储方式仅存储矩阵所有的非零元素的值及其位置，即行号和列号，稀疏存储方式也是按列存储的，在工作空间中的状态如图 3-4 所示。

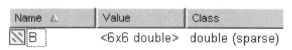

图 3-4　稀疏矩阵在工作空间中的状态

(2) 稀疏存储矩阵的建立

① 完全存储矩阵和稀疏存储矩阵的转换

**例 3-37** 在命令窗口输入下面的命令行，使用函数 $S=\text{sparse}(X)$ 和 $\text{full}(X)$ 实现完全存储矩阵和稀疏存储矩阵的转换。

```
>> X = eye(3)
```
执行结果：
```
X =
     1     0     0
     0     1     0
     0     0     1
```
```
>> S= sparse(X)
```
执行结果：
```
S =
    (1,1)        1
    (2,2)        1
    (3,3)        1
```
```
>> Y = full(S)
```
执行结果：
```
Y =
     1     0     0
     0     1     0
     0     0     1
```

② 使用 spconvert 函数产生稀疏存储矩阵

稀疏存储矩阵 spconvert 函数　调用格式为：

$Y = \text{spconvert}(X)$

其中 **X** 为一个 $m \times 3$ 或 $m \times 4$ 的矩阵，$m$ 是非 0 元素的个数，前两列代表非零元素的位置信息，则 **X** 每个元素的意义是：

$(i, 1)$ 表示第 $i$ 个非 0 元素所在的行；

$(i, 2)$ 表示第 $i$ 个非 0 元素所在的列；

$(i, 3)$ 表示第 $i$ 个非 0 元素值的实部；

$(i, 4)$ 表示第 $i$ 个非 0 元素值的虚部，若矩阵的全部元素都是实数，则无须第四列。

**例 3-38** 使用 spconvert( ) 函数产生稀疏存储矩阵。

```
>> X = [2,2,1;3,1,-1;4,3,3;5,3,8;6,6,12]
```
执行结果：
```
X=
     2     2     1
     3     1    -1
     4     3     3
     5     3     8
     6     6    12
```
```
>> Y = spconvert(X)
```
执行结果：

```
Y =
   (3,1)        -1
   (2,2)         1
   (4,3)         3
   (5,3)         8
   (6,6)        12
>> full(Y)
```
执行结果:
```
ans =
     0     0     0     0     0     0
     0     1     0     0     0     0
    -1     0     0     0     0     0
     0     0     3     0     0     0
     0     0     8     0     0     0
     0     0     0     0     0    12
```

稀疏存储矩阵只是矩阵的存储方式不同,它的运算规则与普通矩阵是一样的。当参与运算的对象不全是稀疏存储矩阵时,所得结果一般是完全存储形式。一般情况下,采用稀疏矩阵的运算速度比采用完全矩阵的运算速度快得多。

**例 3-39** 在命令窗口输入下面的命令行,完成稀疏存储矩阵和完全矩阵的运算。

```
>> X = eye(3)
```
执行结果:
```
X =
     1     0     0
     0     1     0
     0     0     1
>> Y = sparse(X)
```
执行结果:
```
Y =
   (1,1)         1
   (2,2)         1
   (3,3)         1
>> X+ Y
```
执行结果:
```
ans =
     2     0     0
     0     2     0
     0     0     2
>> tic;X\X;toc
```
执行结果:
```
Elapsed time is 0.031000 seconds.
```

```
>> tic;Y\Y;toc
```
执行结果：
Elapsed time is 0.000000 seconds.
% 稀疏矩阵的运算速度比采用完全矩阵的运算速度快得多

### 3.2.8 数据分析

MATLAB强大的矩阵计算功能，决定了它很容易对一大批数据进行一般的数据分析，如求平均值、最大值、标准差等。下面对在MATLAB中出现的通用数据分析函数进行简单的介绍。

（1）最大值和最小值

① 求向量的最大值和最小值

**例3-40** 在命令窗口输入下面的命令行，使用max（ ）函数求向量 $X$ 的最大值。注：函数调用方法有两种，分别是：① $Y=\max(X)$，返回向量 $X$ 的最大值存入 $Y$，如果 $X$ 中包含复数元素，则按模取最大值；② $[Y,I]=\max(X)$；返回向量 $X$ 的最大值存入 $Y$，最大值的序号存入 $I$，如果 $X$ 中包含复数元素，则按模取最大值。求最小值的函数是 $\min(X)$，用法和 $\max(X)$ 完全相同。

```
>> X = magic(3);
>> x = reshape(X,1,9)
```
执行结果：
x =
    8    3    4    1    5    9    6    7    2
```
>> y = max(x)
```
执行结果：
y =
    9
```
>> [y,site]= max(x)
```
执行结果：
y =
    9
site =
    6
```
>> x(site)
```
执行结果：
ans =
    9

② 求矩阵的最大值和最小值

**例3-41** 在命令窗口输入下面的命令行，使用max（ ）函数求矩阵 $X$ 的最大值。注：函数调用方法有三种，分别是：① $\max(X)$，返回一个行向量，向量的第 $i$ 个元素是矩阵 $X$ 的第 $i$ 列上最大值；② $[Y,Z]=\max(X)$，返回行向量 $Y$ 和 $Z$，$Y$ 向量记录 $X$ 的每列的最大值，$Z$ 向量记录每列最大值的行号；③ $\max(X,[\ ],\text{dim})$，dim取1或2；dim取1

时，该函数和 max($X$) 完全相同；dim 取 2 时，该函数返回一个列向量，其第 $i$ 个元素是 **$X$** 矩阵的第 $i$ 行上的最大值。求最小值的函数是 min($X$)，用法和 max($X$) 完全相同。

```
>> X = magic(3)
```
执行结果：
```
X =
     8    1    6
     3    5    7
     4    9    2
>> max(X)
```
执行结果：
```
ans =
     8    9    7
>> [Y,Z]= max(X)
```
执行结果：
```
Y =
     8    9    7
Z =
     1    3    2
>> max(X,[],2)
```
执行结果：
```
ans =
     8
     7
     9
```

③ 两个向量或矩阵对应元素的比较

**例 3-42** 在命令窗口输入下面的命令行，使用 max( ) 函数，求矩阵 **$A$** 和 **$B$** 对应元素的最大值，并将 **$A$** 中小于 5 的全部变成数字 5。

```
>> A = magic(3);
```
执行结果：
```
A =
     8    1    6
     3    5    7
     4    9    2
>> B = [1 2 3;4 5 6;7 8 9]
```
执行结果：
```
B =
     1    2    3
     4    5    6
     7    8    9
>> max(A,5)
```

执行结果：
ans =
    8    5    6
    5    5    7
    5    9    5

（2）求和与求积

数据序列求和与求积的函数是 sum（) 和 prod（），函数的调用格式为：

sum（$X$）——返回矩阵 $X$ 各元素的和；

prod（$X$）——返回矩阵 $X$ 各元素的乘积。

**例 3-43**　在命令窗口输入下面的命令行，使用函数 sum（) 和 prod（) 求矩阵 $X$ 的行、列的和与积。

```
>> X = magic(3);
>> sum(X)
```
执行结果：
ans =
   15   15   15
```
>> sum(sum(X))
```
执行结果：
ans =
   45
```
>> prod(X)
```
执行结果：
ans =
   96   45   84
```
>> prod(prod(X))
```
执行结果：
ans =
   362880

**例 3-44**　在命令窗口输入下面的命令行，求矩阵 $X$ 中大于 5 的元素的个数 num。

```
>> X = magic(3)
```
执行结果：
X=
    8    1    6
    3    5    7
    4    9    2
```
>> Y = X> 5
```
执行结果：
Y =
    1    0    1
    0    0    1

```
      0    1    0
>> num = sum(sum(Y))
```
执行结果：
```
num =
    4
```

(3) 平均值和中值

求数据序列平均值的函数是 mean ( )，求数据序列中值的函数是 median ( )，函数的调用格式为：

mean（$X$）——返回矩阵 $X$ 的算术平均值；

median（$X$）——返回矩阵 $X$ 的中值。

**例 3-45** 使用函数 mean ( ) 和 median ( ) 求矩阵 $X$ 和向量 $x$ 的均值和中值。

```
>> x = [1 2 6 4 5];
>> mean(x)
```
执行结果：
```
ans =
    3.6000
>> median(x)
```
执行结果：
```
ans =
    4
>> X = [1 2 3;5 6 8;9 0 1];
>> mean(X)
```
执行结果：
```
ans =
    5.0000    2.6667    4.0000
>> mean(mean(X))
```
执行结果：
```
ans =
    3.8889
```

(4) 累加和与累乘积

在 MATLAB 中，使用 cumsum 和 cumprod 函数能方便地求得矩阵元素的累加和与累乘积向量，函数的调用格式为：

cumsum（$X$）——返回矩阵 $X$ 累加和向量；

cumprod（$X$）——返回矩阵 $X$ 累乘积向量。

**例 3-46** 使用函数 cumsum 求矩阵 $X$ 的第一行元素与第二行对应元素的和 L1_sum，第二行与第三行对应元素的和 L2_sum。

```
>> X= [1 2 3;5 6 8;9 0 1]
```
执行结果：
```
X =
    1    2    3
```

```
              5    6    8
              9    0    1
>> L= cumsum(X)
```
执行结果：
```
L=
       1    2    3
       6    8   11
      15    8   12
>> L1_sum= L(2,:)
```
执行结果：
```
L1_sum =
       6    8   11
>> L2_sum= L(3,:)-L(1,:)
```
执行结果：
```
L2_sum =
      14    6    9
```

(5) 标准方差

计算矩阵 $X$ 的标准方差 std 函数的一般调用格式为：

$Y = \text{std}(X, \text{flag}, \text{dim})$

① dim 取 1 或 2；当 dim=1 时，求各列元素的标准方差；当 dim=2 时，则求各行元素的标准方差。

② flag 取 0 或 1，当 flag=0 时，按公式 a 计算标准方差，当 flag=1 时，按公式 b 计算标准方差。公式 a 和公式 b 参见 MATLAB 帮助系统，缺省时 flag=0，dim=1。

**例 3-47** 生成满足正态分布的 $10000 \times 5$ 随机矩阵 $X$，然后求各列元素的均值 $M$ 和标准方差 $S$。

```
>> X = randn(10000,5);
>> Y = std(X)
```
执行结果：
```
Y =
    1.0011    1.0036    1.0049    1.0058    1.0061
% mean 为平均值函数
>> M = mean(R)
```
执行结果：
```
M =
    0.0011    0.0066    0.0009    0.0264    0.0101
```

(6) 排序

排序函数 sort 的调用格式为：

$[Y, I] = \text{sort}(X, \text{dim}, \text{mode})$

其中，$Y$ 是排序后的矩阵，而 $I$ 记录 $Y$ 中的元素在矩阵 $X$ 中位置；dim 指明对矩阵 $X$ 的列还是行进行排序。若 dim=1，则按列排；若 dim=2，则按行排。mode= 'ascend'升序排序（默认），mode='descend'降序排序。

**例 3-48** 使用 sort（ ）函数对矩阵 $X$ 进行排序。

```
>> A = magic(5)
```
执行结果：
```
A =
    17    24     1     8    15
    23     5     7    14    16
     4     6    13    20    22
    10    12    19    21     3
    11    18    25     2     9
```

```
>> sort(A)
```
执行结果：
```
ans =
     4     5     1     2     3
    10     6     7     8     9
    11    12    13    14    15
    17    18    19    20    16
    23    24    25    21    22
```

```
>> sort(A,2)
```
执行结果：
```
ans =
     1     8    15    17    24
     5     7    14    16    23
     4     6    13    20    22
     3    10    12    19    21
     2     9    11    18    25
```

```
>> sort(A,2,'descend')
```
执行结果：
```
ans =
    24    17    15     8     1
    23    16    14     7     5
    22    20    13     6     4
    21    19    12    10     3
    25    18    11     9     2
```

### 3.2.9 多项式运算

多项式运算是高等数学中最基本的运算之一。在高等代数中，多项式一般可表示为以下形式：$f(x) = a_0 x^n + a_1 x^{n-1} + a_2 x^{n-2} + \cdots + a_{n-1} + a_n$。对于这样的形式，很容易用一个行向量来表示，即 $T=[a_0, a_1, a_2, \cdots, a_{n-1}, a_n]$。在 MATLAB 中，多项式正是用这样一个行向量来表示，它的系数是按降序排列的。

（1）多项式构造

由上述可知，多项式可以直接用向量表示。因此，构造多项式最简单的方法就是直接输入向量，也可以用多项式的根生成方法。

**例 3-49** 构造多项式 $f(x)=2x^5+5x^4+4x^2+x+4$。

```
>> T = [2 5 0 4 1 4];
>> poly2sym(T)
```

执行结果：

```
ans =
    2* x^5 + 5* x^4 + 4* x^2 + x + 4
```

```
>> whos ans
```

执行结果：

| Name | Size | Bytes | Class |
|------|------|-------|-------|
| ans  | 1x1  | 166   | sym object |

**例 3-50** 求解多项式 $f(x)=2x^5+5x^4+4x^2+x+4$ 的根，并用其根构造多项式。

```
>> T = [2 5 0 4 1 4];
>> X = roots(T)
```

执行结果：

```
X =
    - 2.7709
      0.5611 + 0.7840i
      0.5611 - 0.7840i
    - 0.4257+ 0.7716i
    - 0.4257- 0.7716i
```

```
>> T1= poly(X)
```

执行结果：

```
T1 =
    1.0000    2.5000   - 0.0000    2.0000    0.5000    2.0000
```

```
>> poly2sym(T1)
```

执行结果：

```
ans =
x^5 + 5/2* x^4 - 9/4503599627370496* x^3 + 2* x^2 + 4503599627370531/9007199254740992* x + 2
```

```
>> T2 = round(T1* 100)/100        % 目的是为了保留两位精度
```

执行结果：

```
T2 =
    1.0000    2.5000         0    2.0000    0.5000    2.0000
```

```
>> poly2sym(T2)
```

执行结果：

```
ans =
    x^5 + 5/2* x^4 + 2* x^2 + 1/2* x + 2
```

（2）多项式求值

polyval 函数用来求代数多项式的值，调用的命令格式为：

$Y = \text{polyval}(T, x)$

polyval 函数返回的多项式的值赋值给 $Y$。若 $x$ 为一数值，则 $Y$ 也为一数值；若 $x$ 为向量或矩阵，则对向量或矩阵中的每个元素求其多项式的值。

**例 3-51** 求解多项式 $f(x) = x^2 + 2$，当 $x = 1, 2, 3, 4, 5$ 时的函数值。

```
>> T = [1 0 2];
>> poly2sym(T)
```

执行结果：

```
ans =
    x^2+ 2
>> x = [1 2 3 4 5];
>> y1 = polyval(T,x)
```

执行结果：

```
y1 =
    3    6    11    18    27
```

（3）多项式四则运算

① 多项式加、减　对于次数相同的若干个多项式，可直接对多项式系数向量进行加、减的运算。如果多项式的次数不同，则应该把低次的多项式系数不足的高次项用零补足，使同式中的各多项式具有相同的次数。

**例 3-52** 求解多项式 $f_1(x) = 2x^5 + 5x^4 + 4x^2 + x + 4$ 和 $f_2(x) = x^2 + 2$ 的和。

```
>> T1 = [2 5 0 4 1 4];
>> T2 = [0 0 0 1 0 2];
>> T = T1+ T2
```

执行结果：

```
T =
    2    5    0    5    1    6
>> poly2sym(T)
```

执行结果：

```
ans =
    2* x^5 + 5* x^4 + 5* x^2 + x + 6
```

② 多项式乘法　若 $T1$、$T2$ 是由多项式系数组成的向量，则 conv 函数将返回这两个多项式的乘积。调用它的命令格式为：

$T = \text{conv}(T1, T2)$

该函数运行结果 $T$ 为一个向量，它代表了一个多项式。

**例 3-53** 求解多项式 $f_1(x) = 2x^5 + 5x^4 + 4x^2 + x + 4$ 和 $f_2(x) = x^2 + 2$ 的乘积。

```
>> T1 = [2 5 0 4 1 4];
>> T2 = [1 0 2];
```

```
>> T = conv(T1,T2)
```
执行结果：
```
T =
    2    5    4    14    1    12    2    8
>> poly2sym(T)
```
执行结果：
```
ans =
    2* x^7 + 5* x^6 + 4* x^5 + 14* x^4 + x^3 + 12* x^2 + 2* x + 8
```

③ 多项式除法　当 $T1$、$T2$ 是由多项式系数组成的向量时，deconv 函数用来对两个多项式作除法运算。调用的命令格式为：

$[Q, r]$=deconv$(T1, T2)$

多项式 $T1$ 除以多项式 $T2$ 获商多项式赋予 $Q$（也为多项式系数向量）；获余项多项式赋予 $r$（其系数向量的长度与被除多项式相同，通常高次项的系数为 0）。函数 deconv 是 conv 的逆函数，即有 $T2$=conv$(T1, Q)$+$r$。

**例 3-54**　求解多项式 $f_1(x)=2x^5+5x^4+4x^2+x+4$ 除以 $f_2(x)=x^2+2$ 的商。

```
>> T1 = [2 5 0 4 1 4];
>> T2 = [1 0 2];
>> [Q,r] = deconv(T1,T2)
```
执行结果：
```
Q =
    2    5    -4    -6
r =
    0    0    0    0    9    16
>> poly2sym(Q)
```
执行结果：
```
ans =
    2* x^3 + 5* x^2 - 4* x - 6
>> poly2sym(r)
```
执行结果：
```
ans =
    9* x + 16
```

(4) 多项式拟合

在 MATLAB 中，用 polyfit 函数来求得最小二乘拟合多项式的系数，再用 polyval 函数按所得的多项式计算所给出的点上的函数近似值。

polyfit 函数的调用格式为：

$[P, S]$=polyfit$(X, Y, n)$

其中，$X$，$Y$ 表示需要拟合的数据，$n$ 为要拟合的多项式的阶次，则 $P$ 为要拟合的多项式的系数向量，$S$ 为使函数 polyval 获得的错误估计值。一般来说，多项式拟合中阶数越大，拟合的精度就越高，$n=1$ 即为线性直线拟合。

**例 3-55**　已知实验数据 $x$ 和 $y$，请以 $x$ 为横坐标，$y$ 为纵坐标做线性拟合，如图 3-5

所示。
```
>> x = [- 1.3 - 0.5 0.3 0.99 1.6 2.1 4.2 5.5];
>> y = [- 2.3,- 0.7,0.5,1.3,2.8,3.6,6.3,8.5];
>> a = polyfit(x,y,1)
```
执行结果：
a =
    1.5580  - 0.0103
```
>> y1 = polyval(a,x)
```
执行结果：
y1 =
    - 2.0356  - 0.7892   0.4571   1.5321   2.4825   3.2615   6.5332
8.5585
```
>> plot(x,y,'o',x,y1,'b');
>> tt = ['直线斜率 = ',num2str(a(1))];
>> title(tt);
```

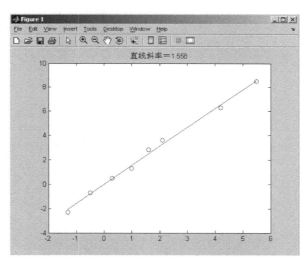

图 3-5 拟合后的直线

**例 3-56** 用 6 阶多项式对 $[0,2\pi]$ 上的余弦函数进行拟合，如图 3-6 所示。
```
>> x = linspace(0,2* pi,100);
>> y = cos(x);
>> T = polyfit(x,y,6)
```
执行结果：
T =
0.0010  - 0.0186   0.1066  - 0.1161  - 0.3985  - 0.0355   1.0026
```
>> y1 = polyval(T,x);
>> plot(x,y,'b- ',x,y1,'go')
```

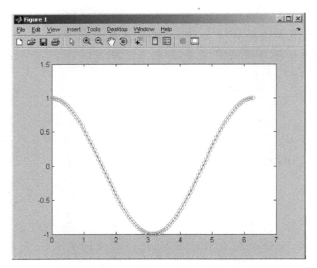

图 3-6  拟合后的曲线

# 4 程序设计与调试

**知识要点**

★M 文件的建立和调试方法；
★选择、循环等程序控制结构的使用；
★函数文件的建立与调试；
★存储文件基本操作；
★MATLAB 应用程序设计。

## 4.1 M 文件

MATLAB 作为一种应用广泛的科学计算软件，它不仅具有强大的数值计算、符号计算、画图等功能，而且还可以通过 M 文件编辑器与编译器，实现像 JAVA、C、FORTRAN 等高级语言一样进行程序设计。

### 4.1.1 M 文件的建立与打开

（1）建立新的 M 文件
① 菜单操作：从主窗口的 File 菜单中选择 New 菜单项，再选择 M-file 命令，启动文本编辑器。
② 命令操作：在命令窗口输入命令 edit，启动文本编辑器。
③ 命令按钮操作：点击主窗口工具栏上 New M-File 命令按钮，启动文本编辑器。
（2）打开已有的 M 文件
① 菜单操作：从主窗口的 File 菜单中选择 Open 命令，则屏幕出现 Open 对话框，在 Open 对话框中选中所需打开的 M 文件。
② 命令操作：在命令窗口输入命令"edit＋文件名"，则打开指定的 M 文件。
③ 命令按钮操作：点击主窗口工具栏上的 Open File 命令按钮，再从弹出的对话框中选择所需打开的 M 文件。

### 4.1.2 M 文件概述

用 MATLAB 语言编写的程序，称为 M 文件。M 文件可以根据调用方式的不同分为两类：脚本式文件（Script File）和函数文件（Function File）。

(1) 脚本式 M 文件

脚本式 M 文件（后文简称脚本文件）没有输入参数，也不返回输出参数。相当于在命令窗口输入命令，所使用的变量全部为全局变量。

(2) 函数式 M 文件

函数式 M 文件（后文简称函数文件）是另一种形式的 M 文件，每一个函数文件都定义一个函数。事实上，MATLAB 提供的标准函数大部分都是由函数文件定义的。除特殊声明外（global 等），所使用的变量全部为局部变量。

① 函数文件格式

function 输出形参表＝函数名（输入形参表）

   注释说明部分

   函数体

其中，函数名的命名规则与变量名相同。输入形参为函数的输入参数，输出形参为函数的输出参数。当输出形参多于 1 个时，则应该用方括号括"[ ]"起来。当一个函数文件下放多个函数时，一般将第一个做为主函数。

② 函数调用格式

［输出实参表］＝函数名（输入实参表）

在调用函数时，MATLAB 用两个永久变量 nargin 和 nargout 分别记录调用该函数时的输入实参和输出实参的个数。只要在函数文件中包含这两个变量，就可以准确地知道该函数文件被调用时的输入输出参数个数，从而决定函数如何进行处理。

**例 4-1** 分别建立脚本文件和函数文件，将华氏温度 $f$ 转换为摄氏温度 $c$。

① 建立脚本文件，如图 4-1 所示。

然后，执行该脚本文件，程序运行结果为：

```
Input Fahrenheit temperature:55
c =
    12.7778
```

图 4-1 建立脚本文件

② 建立函数文件，如图 4-2 所示。

然后在 MATLAB 的命令窗口调用该函数文件。

```
>> clear;
>> y = input('Input Fahrenheit temperature:');
>> x = f2c(y)
```
执行结果：
```
Input Fahrenheit temperature:70
c =
    21.1111
x =
    21.1111
```

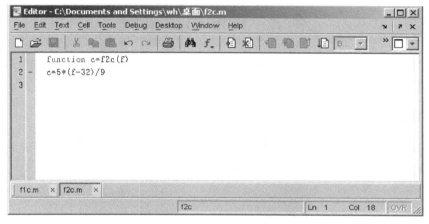

图 4-2　建立函数文件

观察图 4-3 可知，命令文件中所使用的变量全部是全局变量，出现在工作空间中，如图 4-3（a）所示。函数文件中所示用的变量 $f$ 和 $c$，并没有出现在工作空间中，说明它们是局部变量，当且仅当函数被调用时起作用，而当函数运行完毕就会释放空间。注：函数文件名必须与函数名一致。

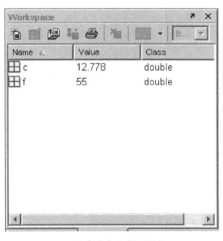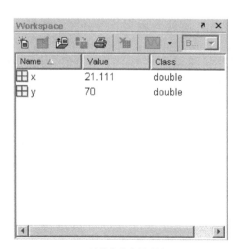

(a) 命令文件变量列表　　　　　　　　　(b) 函数文件变量列表

图 4-3　命令文件和函数文件变量列表

4　程序设计与调试　71

**例 4-2** 熟悉变量 nargin 的使用方法。

```
function output = charray(x,y,z)
if nargin == 1
output = x;
elseif nargin == 2
output = x+ y;
elseif nargin== 3
output = x + y - z;
end
```

## 4.2 程序控制结构

程序结构常用的包括顺序结构、分支结构、循环结构三种，与大多数程序设计语言一样，MATLAB 也提供了上述三种程序结构，下面分别对以上程序结构进行介绍。

### 4.2.1 顺序结构

顺序结构就是依次顺序地执行程序的各条语句。顺序结构一般不含有其他子结构或控制语句，批处理文件就是典型的顺序结构的文件。

**例 4-3** 顺序结构程序设计举例。

```
x= 1;
y= 2;
z= x* y
```

执行结果：

```
z =
    2
```

(1) 数据的输入

input 函数能够实现从键盘输入数据，调用格式为：

　　　　X＝input ('提示信息'，选项)

其中，提示信息为一个字符串，用于提示用户输入什么样的数据。如果在 input 函数调用时采用's'选项，则允许用户输入一个字符串。如果省略选项，则按变量自身的类型返回变量值。

**例 4-4** 实现输入学生的信息，并保存在变量 studentName 中。

```
>> Name = input('What''s your name? ','s');
What's your name? Wang Hui    % 提示信息为 What's your name?
>> Name
```

执行结果：

```
Name =
        Wang Hui
```

(2) 数据的输出

disp 输出函数，其调用格式为：disp (X)。

**例 4-5** 在命令窗口输入下面的命令行，熟悉 disp 函数的使用。

```
>> Name = 'Wang Hui ';
>> disp(Name)
```
执行结果：
Wang Hui
```
>> A = magic(3);
>> A
```
执行结果：
```
A =
    8    1    6
    3    5    7
    4    9    2
>> disp(A)
```
执行结果：
```
    8    1    6
    3    5    7
    4    9    2
```

（3）程序的暂停

pause 暂停程序函数，其调用格式为：pause（X）。

其中，X 为延迟秒数，如果省略延迟时间，直接使用 pause，则将暂停程序，直到用户按任一键后程序继续执行。若要强行中止程序的运行可使用 Ctrl+C 命令。

### 4.2.2 分支结构

在程序设计中，经常要根据一定的条件来执行不同的语句。此时，应选择分支结构，在 MATLAB 中，分支语句包括 if、switch 和 try 语句。

（1）if 语句

在 MATLAB 中，if 语句有 3 种格式。

① 单分支 if 语句：

```
if   条件
     语句组
end
```

当条件成立时，则执行语句组，执行完之后继续执行 if 语句的后继语句，若条件不成立，则直接执行 if 语句的后继语句。

② 双分支 if 语句：

```
if   条件
     语句组 1
else
     语句组 2
end
```

当条件成立时，执行语句组 1，否则执行语句组 2，语句组 1 或语句组 2 执行后，再执行 if 语句的后继语句。

③ 多分支 if 语句：

if　条件 1
　　语句组 1
elseif　条件 2
　　语句组 2
　　……
elseif　条件 m
　　语句组 m
else
　　语句组 n
end

**例 4-6**　输入一个字符，若为大写字母，则输出其对应的小写字母；若为小写字母，则输出其对应的大写字母；若为数字字符则输出其对应的数值，若为其他字符则原样输出。

```
c = input('请输入一个字符','s');
if c>= 'A'& c<= 'Z'
    disp(upper(c));
elseif c>= 'a'& c<= 'z'
    disp(lower(c));
elseif c>= '0'& c<= '9'
    disp(str2num(c));
else
    disp(c);
end
```

（2）switch 语句

语句格式为：

switch　表达式
　　case　表达式 1
　　　　语句组 1
　　case　表达式 2
　　　　语句组 2
　　　　……
　　case　表达式 m
　　　　语句组 m
　　otherwise
　　　　语句组 n
end

switch 语句根据表达式的取值不同，分别执行不同的语句。当表达式的值等于表达式 1 的值时，执行语句组 1；当表达式的值等于表达式 2 的值时，执行语句组 2；……；当表达式的值等于表达式 m 的值时，执行语句组 m；当表达式的值不等于 case 所列的表达式的值时，即 otherwise，执行语句组 n。

**例 4-7** 根据输入变量 X 的值来决定显示的内容。
```
X = input('请输入一个数');
switch X
case -1
    disp('输入值为-1.');
case 0
    disp('输入值为0.');
case 1
    disp('输入值为1');
otherwise
    disp('输入值为其他数值.');
end
```
（3）try 语句
语句格式为：
```
try
    语句组 1
catch
    语句组 2
end
```
其中，try 语句先试探性执行语句组 1，如果语句组 1 在执行过程中出现错误，则将错误信息赋给保留的 lasterr 变量，并转去执行语句组 2。

**例 4-8** 矩阵乘法运算要求两矩阵的维数相容，否则会出错。先求两矩阵的乘积，若出错，则自动转去求两矩阵的点乘。

程序如下：
```
A=[1,2,3;4,5,6]; B=[7,8,9;10,11,12];
try
    C=A*B;
catch
    C=A.*B;
end
C
lasterr
```
执行结果：
```
C =
     7    16    27
    40    55    72
ans =
Error using ==> mtimes
Inner matrix dimensions must agree.
```

4 程序设计与调试

### 4.2.3 循环结构

在实际计算中,经常会碰到许多有规律的重复计算,此时就要对某些语句重复执行。一组被重复执行的语句称为循环体,MATLAB 中常用的有 for 和 while 循环语句。

(1) for 循环语句

语句格式为:

  for 循环变量=表达式 1:表达式 2:表达式 3
    循环体语句
  end

其中,表达式 1 为循环变量的初值,表达式 2 为步长,表达式 3 为循环变量的终值。当步长为 1 时,表达式 2 可以省略。

**例 4-9** 一个三位整数各位数字的立方和等于该数本身则称该数为水仙花数,请输出全部水仙花数。

```
for m = 100:999
    m1 = fix(m/100);           % 求m 的百位数字
    m2 = rem(fix(m/10),10);    % 求m 的十位数字
    m3 = rem(m,10);            % 求m 的个位数字
if m= m1^3+ m2^3+ m3^3
        disp(m)
    end
end
```

**例 4-10** 当 $n=100$ 时,求变量 $y$ 的值。

```
y = 0;
n = 100;
for k = 1:n
y = y + 1/(2* k - 1);
end
y
```

在实际 MATLAB 编程中,采用循环语句会降低其执行速度,所以前面的程序通常由下面的程序来代替(也成为 MATLAB 矢量化运算):

```
n = 100;
k = 1:2:2* n - 1;
y = sum(1./k);
y
```

此外,循环变量为矩阵时,for 语句格式为:

  for 循环变量=矩阵表达式
    循环体语句
  end

此时,执行过程是依次将矩阵的各列元素赋给循环变量,然后执行循环体语句,直至各列元素处理完毕。注:循环体避免使用复数单位 i,j。

**例 4-11**  使用 for 循环计算 $1/3+1/5+1/6+1/8+1/11+1/13$ 的和。
```
s = 0;
x = [3 5 6 8 11 13];
for k = x
    s = s+ 1/k;
end
s
% 第二种方法：
x = [3 5 6 8 11 13];
s = sum(1./x)
```
（2）while 语句

语句格式为：

    while（条件）

        循环体语句

    end

while 语句执行过程为：若条件成立，则执行循环体语句，执行后再判断条件是否成立，如果不成立则跳出循环。

**例 4-12**  从键盘输入若干个数，当输入 0 时结束输入，求这些数的平均值和它们之累加和。
```
sum = 0;
num = 0;
X = input('Enter a number (end in 0):');
while (X ~= 0)
    sum = sum + X;
    num = num + 1;
    X = input('Enter a number (end in 0):');
end
if(num> 0)
    sum
    mean= sum/num
end
```
（3）break 语句和 continue 语句

MATLAB 提供了特殊程序控制语句，与循环结构配合使用的语句，如 break 语句和 continue 语句，一般与 if 语句配合使用。其中，break 语句用于终止循环的执行。当在循环体内执行到该语句时，程序将跳出循环，继续执行循环语句的下一语句。continue 语句控制跳过循环体中的某些语句。当在循环体内执行到该语句时，程序将跳过循环体中所有剩下的语句，继续下一次循环。

**例 4-13**  求 [50，100] 之间第一个能被 7 整除的整数。
```
for n= 50:100
    if rem(n,7) ~= 0
```

4  程序设计与调试

```
        continue
    end
    break
end
n
```

## 4.3 全局变量和局部变量

在 MATLAB 中，函数文件的内部变量是局部的，只在函数内部有效，不能直接被其他函数文件及工作空间调用，为了解决函数间数据传递的问题，引入了全局变量的概念。全局变量的作用域是整个工作空间，即全程有效，所有函数都可以对它进行存取和修改。

定义格式为：global  变量名

**例 4-14** 全局变量应用示例，先建立函数文件 fun.m，该函数的功能是：将输入的参数进行加权后求和。

```
function f = fun(x,y)
    global A B
    f = A* x + B* y;
```

在 MATLAB 命令窗口中输入：

```
global A B
A = 5;
B = 10;
C = fun(0,1)
```

执行结果：

```
C =
    5
```

## 4.4 程序调试

用户在编制程序的过程中，不可避免会发生错误，一般来说，MATLAB 程序可能会存在两类错误，即语法错误和运行错误。语法错误包括词法或文法的错误，例如函数名的拼写错、表达式书写错等。程序运行错误是指程序的运行结果有错误，这类错误也称为程序逻辑错误。

(1) Debug 菜单项

该菜单项用于程序调试，与 Breakpoints 菜单项配合使用。

(2) Breakpoints 菜单项

该菜单项共有 6 个菜单命令，前两个是用于在程序中设置和清除断点的，后 4 个是设置停止条件的，用于临时停止 M 文件的执行，并给用户一个检查局部变量的机会，相当于在 M 文件指定的行号前加入了一个 keyboard 命令。

受篇幅限制，这里就不一一介绍了，具体参见 MATLAB 帮助系统。

# 4.5 文件操作

文件操作是一种重要的输入输出方式,包括了对数据文件建立、打开、读、写以及关闭等。Matlab 文件数据格式有两种形式,一是二进制格式文件,二是 ASCII 文本文件,同时也对这两类文件提供了不同的读写功能函数。

## 4.5.1 文件的打开与关闭

在读写文件之前,先用 fopen 命令打开一个文件,并指定允许对该文件进行的操作。文件操作结束后,应及时使用 fclose 命令关闭文件,以免数据的丢失或误修改。

(1) 文件的打开

函数的调用格式为:

  fid=fopen(filename,permission)

其中,fid 用于存储文件句柄值,句柄值用来标识该数据文件,其他函数可以利用它对该数据文件进行操作。filename 为文件名,permission 为文件格式(也称为文件的打开方式),常见文件格式参数包括:

'r'——打开文件,读数据,文件必须存在;
'w'——打开文件,写数据,若文件不存在,系统会自动建立;
'a'——打开文件,在文件末尾添加数据;
'r+'——打开文件,可以读和写数据,文件必须存在;
'w+'——打开文件,供读与写数据用;
'a+'——打开文件,供读与添加数据用;
'W'——打开文件供写数据用,无自动刷新功能;
'A'——打开文件供添加数据用,无自动刷新功能。

(2) 文件的关闭

文件在进行完读、写等操作后,应及时关闭。关闭文件用 fclose 函数,调用格式为:

  sta=fclose(fid)

其中,fid 为文件标号,sta 为关闭文件操作的返回代码,若关闭成功,返回"0",否则,返回"-1"。

## 4.5.2 文件的读写操作

(1) 二进制文件的读写操作

① 写二进制文件　fwrite 函数按照指定的数据类型将矩阵中的元素写入到文件中。其调用格式为:

cnt =fwrite(fid,X,precision)

其中,cnt 返回所写的数据元素个数,fid 为文件句柄,X 用来存放写入文件的数据,precision 用于控制所写数据的类型,其形式与 fread 函数相同。

例 4-15　建立一数据文件 magic5.dat,用于存放 5 阶魔方阵。

fid = fopen('magic5.dat','w');
cnt = fwrite(fid,magic(5),'int32');

```
fclose(fid);
```

② 读二进制文件　fread 函数可以读取二进制文件的数据,并将数据存入矩阵,调用格式为:

[X, cnt]=fread (fid, size, precision)

其中,X 用于存放读取的数据,cnt 返回所读取的数据元素个数,fid 为文件句柄,precision 代表读写数据的数据的精度,size 为可选项,可选用下列值:$n$ 表示读取 $n$ 个元素到一个列向量;inf 表示读取整个文件,为缺省值;[$m$, $n$] 表示读数据到 $m \times n$ 的矩阵。

**例 4-16**　读取例 4-15 中的数据到一个 25 维的向量中。

```
fid= fopen('magic5.dat','r');
[X,cnt] = fread(fid,25,'int32')
fclose(fid)
```

(2) 文本文件的读写操作

① 写文本文件　fprintf 函数的调用格式为:

cnt=fprintf (fid, format, X)

其中,X 为待写入文件的数据,format 为 X 的数据格式,fid 为所指定的文件。

format 用以控制读取的数据格式,由％加上格式符组成,常见的格式符有 d、f、c、s 等,例如:

fprintf (fid,'％s')　　　　读取一个字符串

fprintf (fid,'％5d')　　　读取 5 位数的整数

**例 4-17**　使用 fprintf ( ) 函数,将变量 $y$ 写入文本文件。

```
x = 0:0.1:1;
y = [x; exp(x)];
fid = fopen('exp.txt','w');
fprintf(fid,'% 6.2f  % 12.8f\n',y);
fclose(fid);
```

② 读文本文件　fscanf 函数的调用格式为:

[X, cnt]= fscanf (fid, format, size)

具体参数意义同上。

**例 4-18**　将例 4-17 写入的数据读入变量 $X$。

```
fid = fopen('exp.txt','r');
X= fscanf (fid,'% f',[2 11])
fclose(fid);
```

注意:在读取文件和写文件的时候,一定要明确进行操作的路径;否则,会导致文件写错路径,或无法读取文件;路径指定使用命令:cd 路径。

# 5 绘图与GUI图形用户界面设计

**知识要点**

★二维图形的绘制；
★图形的修饰与控制；
★三维图形的绘制；
★图形用户界面GUI开发过程。

## 5.1 MATLAB绘图

### 5.1.1 二维绘图

MATLAB最常用的二维绘图函数是plot()，该函数将每个数据点用直线连接来绘制图形，下面介绍它常用的几种形式。

（1）plot函数的基本调用格式

  plot(x，y)

其中，$x$和$y$为长度相同的向量，分别用于存储$x$坐标和$y$坐标数据。

**例5-1** 使用plot函数，在$0 \leqslant x \leqslant 2\pi$区间内，绘制曲线$y = 2e^{-0.5x}\sin(2\pi x)$。

```
x = 0:pi/100:2* pi;
y = 2* exp(- 0.5* x).* sin(2* pi* x);
plot(x,y)
```

绘制的曲线如图5-1所示。

**例5-2** 使用plot函数，在$0 \leqslant x \leqslant 2\pi$区间内，绘制曲线$y1 = \sin(x)$，$y2 = \cos(x)$，$y3 = \cos(2*x)$。

```
x = [0:0.5:360]* pi/180;
y = [sin(x);cos(x);cos(2* x)];
plot(x,y)
```

绘制的曲线如图5-2所示。

特殊说明：

① 当$x$，$y$是同维矩阵时，则以$x$，$y$对应列元素为横、纵坐标分别绘制曲线，曲线条

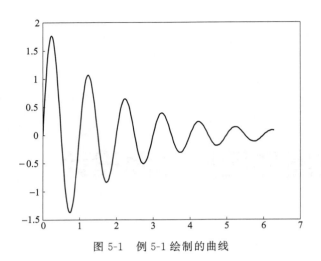

图 5-1 例 5-1 绘制的曲线

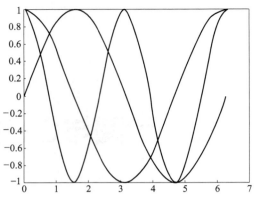

图 5-2 例题 5-2 绘制的曲线

数等于矩阵的列数。

② 当 $x$ 是向量，$y$ 是有一维与 $x$ 同维的矩阵时，则绘制出多根不同色彩的曲线。曲线条数等于 $y$ 矩阵的另一维数，$x$ 被作为这些曲线共同的横坐标。

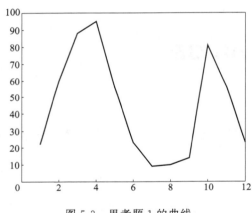

图 5-3 思考题 1 的曲线

（2）plot 函数的最简单的调用格式

　　plot（x）

其中，$x$ 可以向量或矩阵。

**思考题 1**：某工厂 2010 年各月总产值（单位：万元）分别为 22、60、88、95、56、23、9、10、14、81、56、23，试绘制折线图表示该厂总产值的月变化情况，见图 5-3。

（3）plot 函数的通用格式

　　plot（$x1$，$y1$，'参数 1'，$x2$，$y2$，'参数 2'，…，$xn$，$yn$，'参数 $n$'）。

其中，参数选项是一个字符串类型数据，代表了颜色、线型及数据点图标等特征，受篇幅限制，这里不一一列出，具体内容可详见 MATLAB 帮助系统。

**例 5-3**　使用 plot 函数，用不同线型和颜色在同一坐标内绘制曲线 $y=2\mathrm{e}^{-0.5x}\sin(2\pi x)$ 及其包络线。

```
x = (0:pi/100:2* pi)';
y1 = 2* exp(- 0.5* x)* [1,- 1];
y2 = 2* exp(- 0.5* x).* sin(2* pi* x);
x1 = (0:12)/2;
y3 = 2* exp(- 0.5* x1).* sin(2* pi* x1);
plot(x,y1,'g:',x,y2,'b- - ',x1,y3,'rp');
```

绘制的曲线如图 5-4 所示。

（4）双纵坐标函数 plotyy

为解决把函数值具有不同量纲、不同数量级的两个函数绘制在同一坐标中，由 plot 函

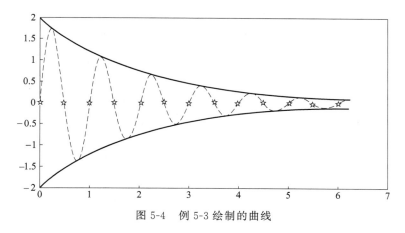

图 5-4 例 5-3 绘制的曲线

数衍生得到 plotyy 函数，调用格式为：

　　plotyy（x1，y1，x2，y2）

其中，x1 与 y1 对应一条曲线，x2 与 y2 对应另一条曲线。横坐标的标度相同，纵坐标有两个，左纵坐标用于 x1 与 y1 数据对，右纵坐标用于 x2 与 y2 数据对。

**例 5-4**　用不同标度在同一坐标内绘制曲线 $y1 = e^{-0.5x}\sin(2\pi x)$ 及曲线 $y2 = 1.5e^{-0.1x}\sin(x)$。

```
x1 = 0:pi/100:2* pi;
x2 = 0:pi/100:3* pi;
y1 = exp(- 0.5* x1).* sin(2* pi* x1);
y2 = 1.5* exp(- 0.1* x2).* sin(x2);
plotyy(x1,y1,x2,y2);
```

绘制的曲线如图 5-5 所示。

### 5.1.2　图形修饰与控制

为了完成对 plot 函数绘制图形的修饰与控制，MATLAB 提供了丰富的图形修饰函数，具体如下：

（1）坐标控制

MATLAB 使用 axis 函数完成对坐标轴的调整工作，axis 函数的调用格式为：

　　axis（[xmin xmax ymin ymax zmin zmax]）

该函数可以将图形 x 轴，y 轴，z 轴的范围限定在制定的范围之内，当图形为二维图形时，z 轴参数可省略不写。

补充说明：

① grid on/off 添加/去掉所画图形中的网格线。

② box on/off 添加/去掉所画图形中的边框线。

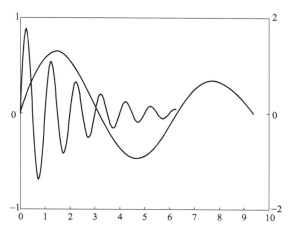

图 5-5　例 5-4 绘制的曲线

③ hold on/off 保持/解除当前图形及轴系的所有特性。

**例 5-5** 使用 axis 函数的图形保持功能在同一坐标内绘制曲线 $y=2e^{0.5x}\sin(2\pi x)$ 及其包络线，并加网格线。

```
x = (0:pi/100:2* pi)';
y1 = 2* exp(- 0.5* x)* [1,- 1];
y2 = 2* exp(- 0.5* x).* sin(2* pi* x);
plot(x,y1,'b:');
axis([0,2* pi,- 2,2]);
_____
plot(x,y2,'k');
grid on;
box off;
hold off;
```

绘制的曲线如图 5-6 所示。

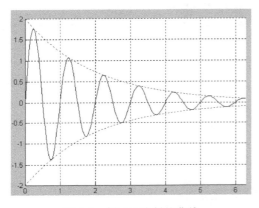

图 5-6　例 5-5 绘制的曲线

**思考题 2**：添上上例中空白的一句话，使程序运行后的结果为图 5-6 所示。

此外，axis 函数常用的用法还有以下几种。

axis equal：纵、横坐标轴采用等长刻度。

axis square：产生正方形坐标系（缺省为矩形）。

axis auto：使用缺省设置。

axis off ：取消坐标轴。

axis on：显示坐标轴。

（2）图形标注

有关图形的标题、轴线标注的函数包括：

① title（'图形名称'）；

② xlabel（'x 轴说明'）；

③ ylabel（'y 轴说明'）；

④ text（x，y，'图形说明'）；

⑤ legend（'图例 1'，'图例 2'，…）。

**例 5-6** 给例 5-5 的曲线图形添加图形标注。

```
x = (0:pi/100:2* pi)';
y1 = 2* exp(- 0.5* x)* [1,- 1];
y2 = 2* exp(- 0.5* x).* sin(2* pi* x);
x1 = (0:12)/2;
y3 = 2* exp(- 0.5* x1).* sin(2* pi* x1);
plot(x,y1,'g:',x,y2,'b- - ',x1,y3,'rp');
title('曲线及其包络线');
xlabel('independent variable X');
ylabel('independent variable Y');
```

```
text(2.8,0.5,'包络线');
text(0.5,0.5,'曲线 y');
text(1.4,0.1,'离散数据点');
```
绘制的曲线如图 5-7 所示。

**例 5-7** 给正弦和余弦曲线图形添加图例标注。
```
x = - pi:pi/20:pi;
plot(x,cos(x),'- ro',x,sin(x),'-.b');
h = legend('cos','sin',2);
```
绘制的曲线如图 5-8 所示。

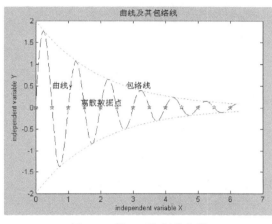

图 5-7　例 5-6 绘制的曲线

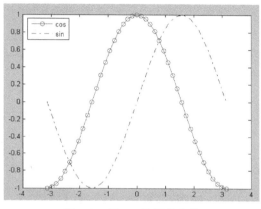

图 5-8　例 5-7 绘制的曲线

(3) 图形窗口的分割

MATLAB 绘图函数可以将绘图窗口分割成几个区域,在各个区域中分别绘图。subplot 函数的调用格式为:

　　subplot (m,n,p)

该函数将总绘图区域分成 $m$ 行 $n$ 列小区域,并可以指定第 $p$ 个编号小区域为当前绘图区域。

**例 5-8** 在一个图形窗口中以子图形式同时绘制正弦、余弦、正切、余切曲线。
```
x = linspace(0,2* pi,60);
y = sin(x);z = cos(x);
t = sin(x)./(cos(x) + eps); ct = cos(x)./(sin(x) + eps);
_____

plot(x,y);title('sin(x)');axis ([0,2* pi,- 1,1]);
_____

plot(x,z);title('cos(x)');axis ([0,2* pi,- 1,1]);
_____

plot(x,t);title('tangent(x)');axis ([0,2* pi,- 40,40]);
_____

plot(x,ct);title('cotangent(x)');axis([0,2* pi,- 40,40]);
```

绘制的曲线如图 5-9 所示。

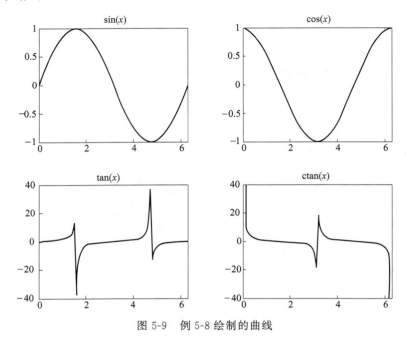

图 5-9　例 5-8 绘制的曲线

思考题 3：添上上例中空白的 4 句话，使程序运行后的结果为图 5-9 所示。

### 5.1.3　特殊二维图形绘制

（1）其他形式的线性直角坐标绘图

在线性直角坐标系中，其他形式的图形有条形图、阶梯图、火柴杆图、填充图和饼图等，所采用的函数分别是：

bar（x，y，'参数'）
stairs（x，y，'参数'）
stem（x，y，'参数'）
fill（x1，y1，'参数 1'，x2，y2，'参数 2'，…）
pie（x）

**例 5-9**　分别以条形图、填充图、阶梯图和杆图形式绘制曲线 $y=2e^{-0.5x}$。

```
x = 0:0.35:7;
y = 2* exp(- 0.5* x);
  subplot(2,2,1);bar(x,y,'g');
  title('bar(x,y,''g'')');axis([0,7,0,2]);
  subplot(2,2,2);fill(x,y,'r');
  title('fill(x,y,''r'')');axis([0,7,0,2]);
  subplot(2,2,3);stairs(x,y,'b');
  title('stairs(x,y,''b'')');axis([0,7,0,2]);
  subplot(2,2,4);stem(x,y,'k');
  title('stem(x,y,''k'')');axis([0,7,0,2]);
```

```
pie([15 35 10 15 25])
```

思考题 4：某次考试优秀、良好、中等、及格、不及格的人数分别为：7，17，23，19，5，试用饼图作成绩统计分析。

(2) 极坐标绘图

polar 函数用来绘制极坐标图，其调用格式为：

  polar (theta, rho,'参数')

其中，theta 为极坐标极角，rho 为极坐标矢径，参数与 plot 函数相同。

**例 5-10** 绘制 $\rho = \sin(2\theta)\cos(2\theta)$ 的极坐标图。

```
theta = 0:0.01:2* pi;
rho = sin(2* theta).* cos(2* theta);
polar(theta,rho,'k');
```

曲线如图 5-10 所示。

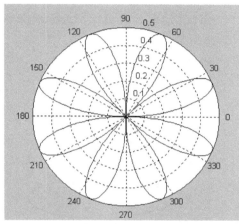

图 5-10 例 5-10 绘制的曲线

(3) 函数绘图

fplot 函数的调用格式为：

  fplot ('fname', lims, tol,'参数')

其中 fname 为函数名，可以是 MATLAB 已有函数或自定义 M 函数的字符串类型的变量；limits 表示绘制图形的坐标轴取值范围；tol 表示相对误差，默认值为 2e-3；'参数'表示图形的线型、颜色和数据点等设置。

**例 5-11** 用 fplot 函数绘制 $f(x) = \cos(\tan(\pi x))$ 的曲线。

先建立函数文件 myf.m：

```
function y= myf(x)
    y= cos(tan(pi* x));
```

再用 fplot 函数绘制 myf.m 函数的曲线(在命令窗口中输入)：

```
fplot('myf',[- 0.4,1.4],1e - 4)
```

或直接输入

```
fplot('cos(tan(pi* x))',[- 0.4,1.4],1e - 4)
```

### 5.1.4 三维绘图

(1) 绘制三维曲线的函数

plot3 函数是 plot 函数将功能由二维绘图扩展到三维绘图,其使用方法十分相似,参数使用说明参见 plot 函数。

plot3 调用格式为:

plot3 ($x1, y1, z1,$'参数 $1', x2, y2, z2,$'参数 $2', \cdots, xn, yn, zn,$'参数 $n'$)

**例 5-12** 使用 plot3 函数绘制经典螺旋线。

```
t = 0:0.1:5* pi;
plot3(sin(t),cos(t),t);
x = xlabel('sin(t)');
set(x,'FontWeight','bold','FontAngle','italic');
y = ylabel('cos(t)');
set(y,'FontWeight','bold','FontAngle','italic');
z = zlabel('t');
set(z,'FontWeight','bold','FontAngle','italic');
```

绘制的曲线如图 5-11 所示。

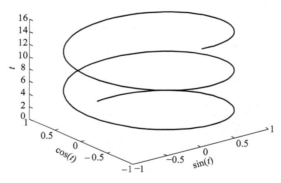

图 5-11 例 5-10 绘制的曲线

(2) 绘制三维曲面的函数

surf 函数和 mesh 函数的调用格式为:

mesh ($x, y, z, c$)

surf ($x, y, z, c$)

**例 5-13** 分别用三维曲面 surf 函数和 mesh 函数展现函数 $z = \sin(y)\cos(x)$。

程序 1:

```
x= 0:0.1:2* pi;[x,y]= meshgrid(x);z= sin(y).* cos(x);
mesh(x,y,z);xlabel('x - axis'),ylabel('y - axis'),zlabel('z - axis');title('mesh');
```

程序 2:

```
x= 0:0.1:2* pi;[x,y]= meshgrid(x);z= sin(y).* cos(x);
surf(x,y,z);xlabel('x - axis'),ylabel('y - axis'),zlabel('z - ax-
```

is');title('surf');

绘制的曲线如图 5-12 所示。

与二维绘图类似，MATLAB 还提供了其他三维绘图的函数，如条形图、饼图和填充图等特殊图形，其函数分别是 bar3、pie3 和 fill3，受篇幅限制，这里就不一一介绍了，具体可参考 MATLAB 帮助系统。

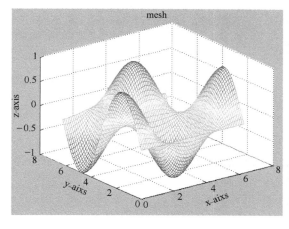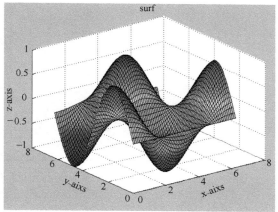

(a) mesh 函数绘图  (b) surf 函数绘图

图 5-12  例 5-11 绘制的曲线

## 5.2  图形用户界面 GUI 设计

GUI（Graphical User Interfaces）是由窗口、图标、菜单、文本、按钮等图形对象构成的用户界面，是用户与计算机进行信息交流的方式，在这种用户界面下，用户的操作是通过"选择"各种图形对象来实现的。MATLAB 为 GUI 开发环境（GUIDE）提供了版面设计器、属性编辑器、菜单编辑器、几何排列工具、对象浏览器、Tab 顺序编辑器和 M 文件编辑器等工具，极大地方便了用户，同时也简化了 GUI 的设计和生成过程。

（1）启动 GUIDE

启动 GUIDE 有三种方法：①在"File"菜单下选择"New"次级菜单中的"GUI"选项，可打开图形用户界面制作窗口；②单击工具栏上的图标；③在命令窗口输入 guide 后回车。

GUIDE Quick Start 对话框具体如图 5-13 所示。

GUIDE Quick Start 对话框由 Crate New GUI 选项卡和 Open Existing GUI 选项卡两部分组成，可以根据需要进行选择。

（2）创建和设计 GUI

选择 Blank GU（Default）模板，单击"OK"按钮，打开 GUI 设计窗口。通过 GUIDE 的控件（Control）、布局编辑器（Layout Editor）、属性编辑器（Property Inspector）、对象浏览器（Object Browser）、菜单编辑器（Menu Editor）、几何排列工具（Alignment Tool）等常用工具进行用户图形界面 GUI 的编辑、设计与开发工作。其中，常用的控件包括：

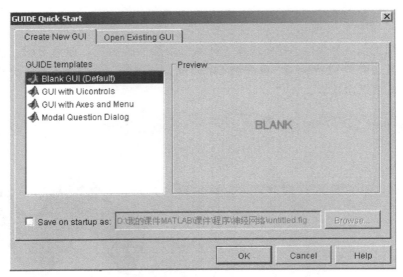

图 5-13 GUIDE Quick Start 对话框

① 按钮 (Push Button)。
② 双位按钮 (Toggle Button)。
③ 单选按钮 (Radio Button)。
④ 复选框 (Check Box)。
⑤ 列表框 (List Box)。
⑥ 弹出框 (Popup Menu)。
⑦ 编辑框 (Edit Box)。
⑧ 滑动条 (Slider)。
⑨ 静态文本 (Static Text)。
⑩ 边框 (Frame)。
⑪ Active X 控件 (Active X Control) 等。

(3) 运行和保存 GUI 界面

GUI 界面设计完成后，单击工具栏的绿色运行按钮，即可运行 GUI 界面。首次运行 GUI 时，系统会提示存盘。存盘完成后，系统会打开运行界面窗口，MATLAB 会根据用户自行设计的布局，自动生成一个 M 文件，该文件用于存储图形对象的调用函数，用户可以根据实际需要添加相应函数。同时，将 GUI 布局代码存储在一个和 M 文件一并生成的 fig 文件中。

# 6 自动控制系统分析与设计

**知识要点**

★ 自动控制系统组成、结构及工作原理；
★ 自动控制系统的数学模型；
★ 自动控制系统的时域分析方法；
★ 自动控制系统的频域分析方法；
★ 自动控制系统的频域设计与校正。

## 6.1 自动控制系统基础知识

### 6.1.1 概述

所谓自动控制技术就是在没有人直接参与的情况下，通过控制器使被控对象或过程自动地按照预定的规律运行。这种技术广泛地应用于日常生活（如收音机、电视机、冰箱、空调等）、现代的工业（如数控机床、自动化生产线、工业机器人等）、农业（如温室自动温控系统、自动灌溉系统等）、国防（战斗机、导弹等）和航天科学技术（航天飞机、卫星等）等相关领域中。例如，数控机床要加工出高精度的零件，就必须保证其刀架的位置准确地跟随指令进给；发电机要正常供电，就必须维持其输出电压恒定，尽量不受负荷变化和原动机转速波动的影响；热处理炉要提供合格的产品，就必须严格控制炉温等。其中发电机、机床、烘炉就是用于工作的机器设备；电压、刀架位置、炉温是表征这些机器设备工作状态的物理量；而额定电压、进给的指令、规定的炉温，就是对以上物理量在运行过程中的要求。通常，把这些工作的机器设备称为被控对象或被控量，对于要实现控制的目标量，如电压、刀架位置、炉温等称为控制量，而把所希望的额定电压、规定的炉温、电机的转速等称为目标值或希望值（或参考输入）。因此，控制的基本任务可概括为：使被控对象的控制量等于目标值。

自动控制技术范围很广，包括自动控制理论、控制系统设计、系统仿真、现场调试、可靠运行等从理论到实践的整个过程。通过对本书的学习，可以掌握自动控制理论的基本原理及其在现代控制工程中应用的技能。

现代控制理论主要利用计算机作为系统建模、分析、设计以及控制的手段，适用于多变量、非线性、时变系统。现代控制理论在航空、航天、制导与控制中创造了辉煌的成就,人类迈向宇宙的梦想变为现实。为了解决现代控制理论在工业生产过程的应用中所遇到的被控对象精确状态空间模型不易建立,合适的最优性能指标难以构造,所得最优控制器往往过于复杂等问题,科学家们不懈努力,在近几十年中不断提出一些新的控制方法和理论。

至今,现代控制理论又有了巨大发展,并形成了若干分支,例如线性系统理论、最优控制理论、动态系统辨识、自适应控制、大系统理论、模糊控制、预测控制、容错控制、鲁棒控制、非线性控制和复杂系统控制等,大大地扩展了控制理论的研究范围。控制理论目前还在向更深、更广阔的领域发展。

### 6.1.2 自动控制系统工作原理和组成

在工业控制过程中,常常需要使其中某些物理量(如温度、压力、位置、速度等)保持恒定,或者让它们按照一定的规律变化,要满足这种需要,就应该对生产设备进行及时的控制和调整,以抵消外界的扰动和影响,需要我们根据具体需求来设计相应的自动控制系统。

所谓自动控制系统是指能够对被控对象的工作状态按指定规律进行自动控制的系统,由控制装置和被控对象组成,主要包括测量机构、比较机构及执行机构三个部分。为了表明自动控制系统的组成和信号的传递情况,通常把系统各个环节用框图表示,并用箭头标明各作用量的传递情况。框图可以把系统的组成简单明了地表达出来,而不必画出具体线路。如图6-1 所示,一般自控系统都由如下基本环节组成:

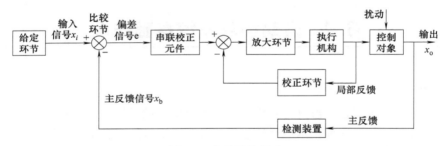

图 6-1 自控系统组成

(1) 控制对象

控制对象指自控系统需要进行控制的机器设备或生产过程。被控对象内要求实现自动控制的物理量称为被控量或系统的输出量。如转速控制系统中的电动机即为被控对象,电动机的转速即为系统的输出量。闭环控制系统的任务就是控制系统的输出量的变化规律以满足生产实际的要求。

(2) 给定环节

给定环节是设定被控制量的参考输入或给定值的环节,也就是说用于产生给定信号或输入信号。可以是电位器等模拟装置,也可以是计算机等高精度数字给定装置。

(3) 检测装置

检测装置又称传感器,用于检测受控对象的输出量并将其转换为与给定量相同的物理量。例如用测速发电机回路检测电动机的转速并将其转换为相应的电信号作为反馈量送到控制器,该信号与输出量存在着确定的函数关系(通常为比例关系)。检测装置的精度直接影响控制系统的控制精度,它是构成自动控制系统的关键元件。

(4) 比较环节

将所检测到的被控量的反馈量与给定值进行代数运算,从而确定偏差信号,起信号的综合作用。可以是一个差接的电路,它往往不是一个专门的物理元件。自整角机、旋转变压器、机械式差动装置都是物理的比较元件。

(5) 放大环节

将微弱的偏差信号进行电压放大和功率放大。例如,伺服功率放大器、电液伺服阀等。

(6) 执行机构

根据放大后的偏差信号直接对被控对象执行控制作用,使被控量达到所要求的数值。例如执行电动机、液压马达等。

(7) 校正环节

参数或结构便于调整的附加装置,用以改善系统的性能,有串联校正和并联校正等形式。

上述各环节构成典型的闭环控制系统,它们各司其职,共同完成闭环控制任务。各环节信号传递是有方向的,总是前一环节影响后一环节。在闭环控制系统中,系统输出量的反馈称为主反馈。为改善系统中某些环节的特性而在部分环节之间附加的中间量的反馈称为局部反馈。

以人工手动控制恒温箱工作过程[如图6-2(a)]和恒温箱闭环自动控制系统工作过程[如图6-2(b)]做比较,对自动控制系统的工作原理进行阐述说明,具体如下:

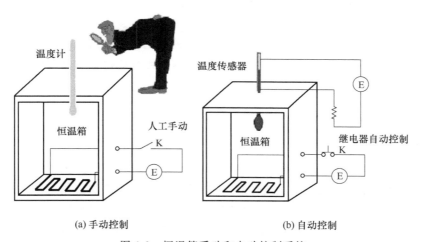

图6-2 恒温箱手动和自动控制系统

(1) 人工手动控制恒温箱工作过程

① 人眼观测恒温箱内温度(被控量);

② 人脑将恒温箱内实际温度与要求的温度(给定值)进行比较,得到温度偏差的大小,形成下一步人的控制策略;

③ 人脑按照控制策略控制人手(执行机构),控制继电器使得加热电阻丝开始工作。

通过总结可得,人工手动控制恒温箱工作过程的本质是检测偏差再纠正偏差,其工作原理功能框图如图6-3所示。

(2) 继电器自动控制恒温箱工作过程

① 通过温度传感器检测恒温箱内温度(被控量);

6 自动控制系统分析与设计

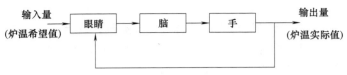

图 6-3 人工手动控制恒温箱工作原理功能框图

② 通过温度比较电路将恒温箱内实际温度与要求的温度（给定值）进行比较，得到偏差的大小，形成下一步系统的自动控制策略；

③ 系统按照其自动控制策略控制继电器使得加热电阻丝开始工作。

显然，人工手动和自动控制恒温箱工作过程的共同特点是检测偏差用以纠正偏差，其工作原理功能框图如图 6-4 所示。

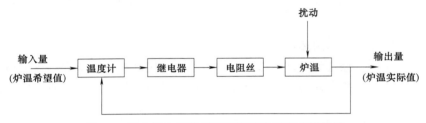

图 6-4 继电器自动控制恒温箱工作原理功能框图

综上所述，自动控制系统的工作原理或过程总结如下：

◆ 检测系统输出量（被控量）的实际值；
◆ 将系统输出量的实际值与给定值（输入量）进行比较得到偏差；
◆ 使用偏差信号产生控制调节策略消除偏差，使得系统输出量达到系统的期望输出（给定值）。

### 6.1.3 自动控制系统的分类

自动控制系统有许多类型及分类方法，在此仅介绍如下几种。

(1) 按控制系统有无反馈划分

如果检测系统检测输出量，并将检测结果反馈到输入端，参加控制运算，这样的系统称为闭环控制系统。如果在控制系统的输出端与输入端之间没有反馈通道，则称此系统为开环控制系统。开环控制系统的控制作用不受系统输出的影响。如果系统受到干扰，使输出偏离了正常值，则系统便不能自动改变控制作用，而使输出返回到预定值。所以，一般开环控制系统很难实现高精度控制。前面列举的自动控制例子均为闭环控制系统。自动控制理论主要研究闭环系统的性能分析和系统设计问题。

(2) 按控制系统中的信号类型划分

如果控制系统各部分的信号均为时间的连续函数，如电流、电压、位置、速度及温度等，则称其为连续量控制系统，也称为模拟量控制系统。如果控制系统中有离散信号，则为离散控制系统。计算机处理的是数字量，是离散量，所以计算机控制系统为离散控制系统，也称为数字控制系统。本书主要讨论模拟量控制系统，这是自动控制理论的基础。

(3) 按控制变量的多少划分

如果系统的输入、输出变量都是单个的，则称其为单变量控制系统。前面所举的两个例子均属单变量控制系统问题。如果系统有多个输入、输出变量,则称此系统为多变量控制系统。多变量控制系统是现代控制理论研究的对象。

(4) 按系统控制量变化规律划分

如果系统调节目标是使控制量为一常量,则称为恒值调节系统。常见的恒温或恒压控制系统也为恒值调节系统。恒值调节系统和随动系统均为闭环系统,它们的控制原理没有区别。如果系统的控制量按预定的程序变化,则称为程序控制系统。数控机床、工业机器人及自动生产线等均为程序控制系统。

(5) 按系统本身的动态特性划分

系统的数学模型描述系统的动态特性。如果系统的数学模型是线性微分方程,则称其为线性系统;如果系统中存在非线性元器件,系统的数学模型是非线性方程,则称其为非线性系统。线性系统控制理论是自动控制理论的基础,也是本书的主要研究对象。

(6) 按系统采用的控制方法划分

在模拟量控制系统中,按控制器的类型可分为比例微分(PD)、比例积分(PI)、比例积分微分(PID)控制。在计算机控制系统中,由于微机作为控制器,通过控制软件实现多种控制方法。根据控制器采用的控制算法不同,控制系统可分为模糊控制系统、最优控制系统、神经网络控制系统和专家控制系统等。

### 6.1.4 自动控制系统的基本要求

为了实现机械控制系统的控制任务,就要求控制系统的被控量随给定值的变化而变化,希望被控量在任何时刻都等于给定值,两者之间不存在误差。然而,由于实际系统中总是包含具有惯性或储能的元件,同时由于能源功率的限制,使控制系统在受到外部作用时,其被控量不可能立即变化,而有一个跟踪过程。通常把系统受到外部作用后,被控量随时间变化的全过程,称为动态过程或称过渡过程。控制系统的性能,可以用动态过程的特性来衡量,尽管机电控制系统有不同的类型,而且每个系统也都有各自不同的特殊要求。但对于各类系统来说,在已知系统的结构和参数时,对每一类系统中被控量变化全过程提出的基本要求都一样,一般从稳定性、快速性和准确性3个方面来评价机电控制系统的总体精度。

(1) 稳定性

稳定性是指系统在受到外部作用之后的动态过程的倾向和恢复平衡状态的能力。如果系统的动态过程是发散的或由于振荡而不能稳定到平衡状态时,则系统是不稳定的。不稳定的系统是无法工作的。因此,控制系统的稳定性是控制系统分析和设计的首要内容。

(2) 快速性

系统在稳定的前提下,响应的快速性是指系统消除实际输出量与稳态输出量之间误差的快慢程度。快速性体现了系统对输入信号的响应速度,表现了系统追踪输入信号的反应能力。

(3) 准确性

准确性是指在系统达到稳定状态后,系统实际输出量与给定的希望输出量之间的误差大小,它又称为稳态精度。系统的稳态精度不但与系统有关,而且与输入信号的类型有关。

## 6.2 自动控制系统的数学模型

数学模型是描述系统输入、输出量以及内部各变量之间关系的数学表达式,它揭示了系统结构及其参数与其性能之间的内在关系。静态数学模型：静态条件（变量各阶导数为零）下描述变量之间关系的代数方程，反映系统处于稳态时，系统状态有关属性变量之间关系的数学模型。动态数学模型是描述变量各阶导数之间关系的微分方程，描述动态系统瞬态与过渡态特性的模型。

模型可以假设有许多不同的形式。工程上常用的数学模型有微分方程、传递函数和状态方程。微分方程是基本的数学模型，是传递函数的基础。数学模型不是唯一的，同一个系统可有不同的数学模型，建立的数学模型是否适用只能通过实验来进行验证。

### 6.2.1 微分方程数学模型

微分方程是在时域内描述系统动态性能的数学模型，即系统中各变量都是关于时间 $t$ 的函数。在给定初始条件和输入量的前提下，通过微分方程求解可得到系统的输出响应。

建立系统的微分方程实际是确定系统输入量和输出量之间的数学关系，输入量 $X_i(t)$ 和输出量 $X_o(t)$ 都是时间 $t$ 的函数，因此微分方程中含有输入量和输出量及它们对时间的导数和积分。微分方程的阶数通常是指方程中最高导数项的阶数，又称为系统的阶数。

对于单输入单输出线性定常系统的微分方程可表示为：

$$a_n x_o^n(t) + a_{n-1} x_o^{n-1}(t) + a_{n-2} x_o^{n-2}(t) + \cdots + a_0 x_o(t) =$$
$$b_m x_i^m(t) + b_{m-1} x_i^{m-1}(t) + \cdots + b_0 x_i(t) \tag{6-1}$$

式中，$X_i(t)$ 为 $X_o(t)$ 对时间 $t$ 求 $n$ 阶导数；$a_i$（$i=0,1,2,\cdots,n-1$）和 $b_j$（$j=0,1,2,\cdots,m-1$）为由系统的结构和参数所决定的常数。

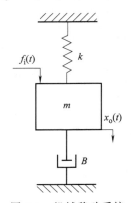

图 6-5 机械移动系统

**例 6-1** 如图 6-5 所示机械移动系统，请列出其微分方程。给定外力 $f_i(t)$ 为输入量，位移 $x_o(t)$ 为输出量。

**解**（1）确定输入输出量：设系统的输入量为外作用力 $f_i(t)$，输出量为质量块的位移 $x_o(t)$。现研究外力 $f_i(t)$ 与位移 $x_o(t)$ 之间的关系。

（2）分析工作原理与中间变量：在输入 $f_i(t)$ 力的作用下，质量块 $m$ 将有加速度，从而产生速度和位移。质量块的速度和位移使阻尼器和弹簧产生黏性阻尼力 $f_B(t)$ 和弹性力 $f_K(t)$。这两个力反馈作用于质量块上，影响输入 $f_i(t)$ 的作用效果，从而使质量块的速度和位移随时间发生变化，产生动态过程。

牛顿定律是机械系统中的基本定律，在平移系统中，牛顿定律可以表示如下：

$$ma = \sum F$$

式中，$m$ 为质量；$a$ 为加速度；$F$ 为力。

将牛顿第二定律应用到该系统，可得

$$f_i(t) - f_B(t) - f_K(t) = m \frac{d^2}{dt^2} x_o(t)$$

由阻尼器、弹簧的特性，可写成

$$f_B(t) = B\frac{\mathrm{d}}{\mathrm{d}t}x_o(t)$$

$$f_K(t) = Kx_o(t)$$

（3）消去中间变量并化成标准式：由以上三个式子，消去 $f_B(t)$ 和 $f_K(t)$，写成标准形式，得

$$m\frac{\mathrm{d}^2}{\mathrm{d}t^2}x_o(t) + B\frac{\mathrm{d}}{\mathrm{d}t}x_o(t) + Kx_o(t) = f_i(t) \tag{6-2}$$

一般 $m$、$K$、$B$ 均为常数，故式（6-2）为二阶常系数线性微分方程。它描述了输入 $f_i(t)$ 和输出 $x_o(t)$ 之间的动态关系。方程的系数取决于系统的结构参数；而方程的阶次等于系统中独立的储能元件（惯性质量、弹簧）的数量。

**例 6-2** 电路系统中的电阻 $R$、电感 $L$ 和电容 $C$ 是电路中三个基本元件。一个 R-L-C 无源电路网络如图 6-6 所示，设输入端电压 $u_i(t)$ 为系统输入量。电容器 $C$ 两端电压 $u_o(t)$ 为系统输出量。现研究输入电压 $u_i(t)$ 和输出电压 $u_o(t)$ 之间的关系。电路中的电流 $i(t)$ 为中间变量。

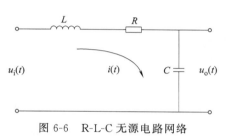

图 6-6 R-L-C 无源电路网络

根据基尔霍夫电压定律，有

$$u_i(t) = R \cdot i(t) + L\frac{\mathrm{d}i(t)}{\mathrm{d}t} + \frac{1}{C}\int i(t)\mathrm{d}t$$

$$u_o(t) = \frac{1}{C}\int i(t)\mathrm{d}t \rightarrow i(t) = C\frac{\mathrm{d}u_o(t)}{\mathrm{d}t}$$

消去中间变量 $i(t)$，整理得

$$LC\frac{\mathrm{d}^2}{\mathrm{d}t^2}u_o(t) + RC\frac{\mathrm{d}}{\mathrm{d}t}u_o(t) + u_o(t) = u_i(t) \tag{6-3}$$

一般假定 $R$、$L$、$C$ 都是常数，则上式为二阶常系数线性微分方程。若 $L = 0$，系统也可简化为一阶常微分方程

$$RC\frac{\mathrm{d}}{\mathrm{d}t}u_o(t) + u_o(t) = u_i(t) \tag{6-4}$$

**例 6-3** 由运算放大器组成的有源电气系统如图 6-7 所示。试确定以电压 $u_i(t)$ 为输入量，$u_o(t)$ 为输出量的系统微分方程。已知 $R_0$、$R_1$ 为电阻值。

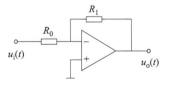

图 6-7 有源电气系统

**解** 根据运算放大器的特点，可知

$$\frac{u_i(t)}{R_0} + \frac{u_o(t)}{R_1} = 0 \tag{6-5}$$

整理得系统的微分方程

$$u_o(t) = -\frac{R_1}{R_0}u_i(t) \tag{6-6}$$

根据微分方程可知系统的输出量与输入量成正比例关系，输出信号立即反映输入，不存在延迟现象。

由上述三个例子可以总结出建立数学模型的一般步骤为：

① 分析系统工作原理和信号传递变换的过程，确定系统和各元件的输入、输出量；

② 从输入端开始，按照信号传递变换过程，依据各变量遵循的物理学定律，依次列写

元件、部件的动态微分方程;
③ 消去中间变量,得到描述元件或系统输入、输出变量之间关系的微分方程;
④ 微分方程标准化:右端输入,左端输出,导数降幂排列。

### 6.2.2 传递函数数学模型

传递函数是描述线性定常系统的输入输出关系,最常用的一种数学模型,用传递函数描述系统可以免去求解微分方程的麻烦,间接地分析系统结构及参数与系统性能的关系,并且可以根据传递函数在复平面上的形状直接判断系统的动态性能,找出改善系统品质的方法。

传递函数是在拉氏变换的基础上建立的,首先来了解一下拉普拉斯变换。

(1) 拉普拉斯变换的定义

如果有一个以时间 $t$ 为自变量的实变函数 $f(t)$,它的定义域是 $t \geqslant 0$,那么 $f(t)$ 的拉普拉斯变换定义为

$$F(s) = L[f(t)] \int_0^\infty f(t) \mathrm{e}^{-st} \mathrm{d}t \tag{6-7}$$

式中,$s$ 为复变数,$s = \sigma + j\omega$($\sigma$、$\omega$ 均为实数);$\int_0^\infty \mathrm{e}^{-st}$ 为拉普拉斯积分;$F(s)$ 为函数 $f(t)$ 的拉普拉斯变换,它是一个复变函数,通常也称 $F(s)$ 为 $f(t)$ 的象函数,而称 $f(t)$ 为 $F(s)$ 的原函数;$L$ 为进行拉普拉斯变换的符号。式(6-7)表明:拉普拉斯变换是这样一种变换,即在一定条件下,它能把一实数域中的实变函数变换为一个在复数域内与之等价的复变函数 $F(s)$。所以,拉普拉斯变换得到的是复数域内的数学模型。

(2) 几种典型函数的拉普拉斯变换

拉普拉斯变换的运算方法在上面已经介绍过,在这里运算过程不做重点分析,表 6-1 给出了函数的拉普拉斯变换表。通过查表可方便确定原函数与象函数的关系。

表 6-1 拉普拉斯变换表

| 序号 | 原函数 $f(t) t \geqslant 0$ | 象函数 | 序号 | 原函数 $f(t) t \geqslant 0$ | 象函数 |
| --- | --- | --- | --- | --- | --- |
| 1 | 单位脉冲 $\delta(t)$ | 1 | 9 | $t^n (n=1,2,3\cdots)$ | $\dfrac{n!}{s^{n+1}}$ |
| 2 | 单位阶跃 $1(t)$ | $1/s$ | 10 | $t^n \mathrm{e}^{-at} (n=1,2,3\cdots)$ | $\dfrac{n!}{(s+a)^{n+1}}$ |
| 3 | $t$ | $1/s^2$ | 11 | $\dfrac{1}{b-a}(\mathrm{e}^{-at} - \mathrm{e}^{-bt})$ | $\dfrac{1}{(s+a)(s+b)}$ |
| 4 | $\mathrm{e}^{-at}$ | $\dfrac{1}{s+a}$ | 12 | $\dfrac{1}{b-a}(b\mathrm{e}^{-bt} - a\mathrm{e}^{-at})$ | $\dfrac{1}{(s+a)(s+b)}$ |
| 5 | $t\mathrm{e}^{-at}$ | $\dfrac{1}{(s+a)^2}$ | 13 | $\mathrm{e}^{-at}\sin\omega t$ | $\dfrac{\omega}{(s+a)^2 + \omega^2}$ |
| 6 | $1 - \mathrm{e}^{-at}$ | $\dfrac{a}{s(s+a)}$ | 14 | $\mathrm{e}^{-at}\cos\omega t$ | $\dfrac{s+a}{(s+a)^2 + \omega^2}$ |
| 7 | $\sin\omega t$ | $\dfrac{\omega}{s^2 + \omega^2}$ | 15 | $a^{\frac{t}{T}}$ | $\dfrac{1}{s - \left(\dfrac{1}{T}\right)\ln a}$ |
| 8 | $\cos\omega t$ | $\dfrac{s}{s^2 + \omega^2}$ | | | |

(3) 拉普拉斯变换的性质

① 叠加定理 两个函数代数和的拉普拉斯变换等于两个函数拉普拉斯变换的代数和,即

$$L[af_1(t)+bf_2(t)]=aF_1(s)+bF_2(s) \tag{6-8}$$

式中，$a$、$b$ 为常数。

② 微分定理 若 $f(t)$ 以及各阶导数的初始值均为零，称为零初始条件，即
$$f(0)=f'(0)=f''(0)=L=f^{(n-1)}(0)=0$$
则
$$F(s)=L[f^{(n)}(t)]=s^nF(s) \tag{6-9}$$

在零初始条件下，原函数 $n$ 阶导数的拉普拉斯变换等于其象函数 $F(s)$ 乘以 $s^n$。

③ 积分定理 若 $f(t)$ 以及各阶积分的初始值均为零，称为零初始条件，即
$$\int f(t)\mathrm{d}t \Big|_{t=0} = \iint f(t)\mathrm{d}t \Big|_{t=0} = L = \int_{n-1} L \int f(t)(\mathrm{d}t)^{(n-1)} \Big|_{t=0} = 0$$
则
$$L\left[\int_{n-1} L \int f(t)(\mathrm{d}t)^n\right] = \frac{F(s)}{s^n} \tag{6-10}$$

在零初始条件下，原函数 $n$ 阶积分的拉普拉斯变换等于其象函数 $F(s)$ 乘以 $\frac{1}{s^n}$。

④ 延迟定理 延迟函数 $f(t-\tau)$ 表示原函数 $f(t)$ 延迟时间 $\tau$，与 $f(t)$ 相比，$f(t-\tau)$ 与 $f(t)$ 的图像完全一致，只是向右错开 $\tau$ 个单位。
$$L[f(t-\tau)]=\mathrm{e}^{-\tau s}F(s) \tag{6-11}$$

延迟定理表示当函数 $f(t)$ 延迟时间 $\tau$ 时，相应的象函数 $F(s)$ 乘以 $\mathrm{e}^{-\tau s}$。

⑤ 位移定理 原函数 $f(t)$ 乘以 $\mathrm{e}^{-as}$，即 $f(t)\mathrm{e}^{-as}$，其拉普拉斯变换为
$$L[f(t)\mathrm{e}^{-as}]=F(s+a) \tag{6-12}$$

⑥ 初值定理
$$\lim_{t\to 0}f(t)=\lim_{s\to\infty}sF(s) \tag{6-13}$$

初值定理表示原函数在初始点（$t=0$）的数值，与 $sF(s)$ 在 $s\to\infty$ 的极限值相同。

⑦ 终值定理
$$\lim_{t\to\infty}f(t)=\lim_{s\to 0}sF(s) \tag{6-14}$$

终值定理表示原函数在极限点 $t\to\infty$ 的数值（稳定值）与 $sF(s)$ 的初始值（$s=0$）相同。

(4) 拉普拉斯变换的反变换

拉普拉斯反变换（简称拉氏反变换）的公式为
$$f(t)=L^{-1}[F(s)]=\frac{1}{2\pi j}\int_{\sigma-j\infty}^{\sigma+j\infty}F(s)\mathrm{e}^{st}\mathrm{d}s \tag{6-15}$$

式中，$L^{-1}$ 为拉普拉斯反变换的符号。

通常用部分分式展开法将复杂函数展开成有理分式函数之和，然后由拉普拉斯变换表一一查出对应的反变换函数，即得所求的原函数 $f(t)$。所以，拉普拉斯反变换得到的是时域的数学模型。

上述已经对拉普拉斯变换有所了解，而后建立的传递函数是经典控制理论中对线性系统进行分析与综合的基本数学工具。传递函数的概念主要适用于线性定常系统，也可以扩充到非线性系统中去，接下来一起去了解一下传递函数。

**(5) 传递函数的定义**

线性定常系统的传递函数定义为在零初始条件下，输出信号的拉普拉斯变换与输入信号拉普拉斯变换的比。设当初始条件为零时，输出量为 $y(t)$，输出量的拉氏变换为 $Y(s)$、输入量为 $x(t)$、输入量拉普拉斯变换为 $X(s)$，根据定义传递函数的表达式为：

$$G(s) = \frac{L[y(t)]}{L[x(t)]} = \frac{Y(s)}{X(s)} \tag{6-16}$$

以前面的【例 6-1】所示，求该质量-弹簧-阻尼器组成机械系统的传递函数。

解：机械系统的微分方程为：

$$m\frac{d^2 x(t)}{dt^2} + c\frac{dx(t)}{dt} + kx(t) = F(t)$$

在零初始条件下，对方程两边取拉普拉斯变换得：

$$(ms^2 + cs + k)X(s) = F(s)$$

故机械系统的传递函数为：

$$G(s) = \frac{X(s)}{F(s)} = \frac{1}{ms^2 + cs + k} \tag{6-17a}$$

与上述过程相似，【例 6-3】所示的 L-R-C 无源电路网络的传递函数为：

$$G(s) = \frac{U_o(s)}{U_i(s)} = \frac{1}{LCs^2 + RCs + 1} \tag{6-17b}$$

式（6-17a）和式（6-17b）表明，传递函数是复数 $s$ 域中的系统数学模型，它仅取决于系统本身的结构及参数，表达了系统本身的特性，而与输入、输出量的形式无关。

**(6) 传递函数的一般形式**

对于一般的线形定常系统，设系统的输入量为 $X_i(t)$，系统的输出量为 $X_o(t)$，则单输入、单输出 $n$ 阶线形定常系统微分方程有如下的一般形式：

$$a_0 \frac{d^n x_o}{dt^n} + a_1 \frac{d^{n-1} x_o}{dt^{n-1}} + \cdots + a_{n-1}\frac{dx_o}{dt} + a_n x_o(t)$$
$$= b_0 \frac{d^m x_i}{dt^m} + b_1 \frac{d^{m-1} x_i}{dt^{m-1}} + \cdots + b_{m-1}\frac{dx_i}{dt} + b_m x_i(t) \tag{6-18}$$

式中，$a_0$，$a_1$，$\cdots$，$a_n$ 和 $b_0$，$b_1$，$\cdots$，$b_m$ 为由系统结构参数决定的实常数。在实际系统中总是含有惯性元件以及受到能源能量的限制，所以 $m \leqslant n$。

设初始条件为零，对式（6-18）进行拉普拉斯变换，可得系统传递函数的一般形式：

$$G(s) = \frac{X_o(s)}{X_i(s)} = \frac{b_0 s^m + b_1 s^{m-1} + \cdots + b_{m-1}s + b_m}{a_0 s^n + a_1 s^{n-1} + \cdots + a_{n-1}s + a_n} \quad (n \geqslant m) \tag{6-19}$$

令

$$M(s) = b_0 s^m + b_1 s^{m-1} + \cdots + b_{m-1}s + b_m$$
$$D(s) = a_0 s^n + a_1 s^{n-1} + \cdots + a_{n-1}s + a_n$$

式（6-19）及式（6-20）可表示为

$$G(s) = \frac{X_o(s)}{X_i(s)} = \frac{M(s)}{D(s)} \tag{6-20}$$

传递函数分母中 $s$ 的最高阶数，就等于系统输出量最高阶导数的阶数。如果 $s$ 的最高阶数等于 $n$，则这个系统就叫 $n$ 阶系统。

（7）特征方程与零点、极点

根据式（6-19）及式（6-20）系统传递函数的一般形式：

$$G(s)=\frac{X_o(s)}{X_i(s)}=\frac{b_0 s^m+b_1 s^{m-1}+\cdots+b_{m-1}s+b_m}{a_0 s^n+a_1 s^{n-1}+\cdots+a_{n-1}s+a_n} \quad (n \geqslant m)$$

$$G(s)=\frac{X_o(s)}{X_i(s)}=\frac{M(s)}{D(s)}$$

$D(s)=0$ 称为系统的特征方程，其根称为系统特征根。特征方程决定着系统的稳定性。式中，$M(s)=0$ 的根 $s=-z_i$ $(i=1,2,\cdots,m)$，称为传递函数的零点；$D(s)=0$ 的根 $s=-p_j$ $(j=1,2,\cdots,n)$ 称为传递函数的极点。显然，系统传递函数的极点就是系统的特征根。零点和极点的数值完全取决于系统诸参数 $b_0,b_1,\cdots,b_m$ 和 $a_0,a_1,\cdots,a_n$，即取决于系统的结构参数。

一般零点和极点可为实数（包括零）或复数。若为复数，必共轭成对出现。可把传递函数的零、极点表示在复平面上，图 6-8 为传递函数 $G(s)=\dfrac{s+2}{(s+3)(s^2+2s+2)}$ 的零、极点分布图。图中零点用"○"表示，极点用"×"表示。

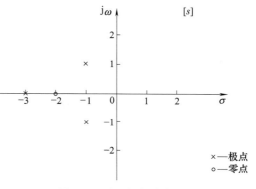

图 6-8　零、极点分布图

（8）传递函数的性质

根据传递函数的定义可知传递函数具有以下性质。

① 传递函数由系统的结构及各元器件的参数所决定，属于系统的固有属性，与外作用及初始条件均无关。传递函数的各系数均为实数，由系统元器件的参数所决定。

② 线性定常系统的传递函数与微分方程一一对应，传递函数是微分方程拉普拉斯变换的结果，因此传递函数只适用于线性定常系统。传递函数是关于复变量 $s$ 的函数，称为系统的复域描述；微分方程是关于时间 $t$ 的函数，称为系统的时域描述。传递函数表示系统输入与输出之间信号的传递关系，必须确定输入量和输出量，即便是同一个系统，但输入量和输出量不同，对应的传递函数也会发生改变。传递函数中常数项取决于系统本身的结构和参数，与输入信号没有关系，也就是说传递函数是系统的固有属性。

③ 传递函数描述了输入量和输出量之间的传递关系，不能反映系统内部变量的特征，也不能反映系统具体的物理结构，甚至不同的物理系统可能具有相同的传递函数。如上述的机械系统和电气系统，尽管它们的物理结构各不相同，但传递函数具有相同的形式。

④ 传递函数的分子中 $s$ 的阶次 $m$ 不能大于分母中 $s$ 的阶次 $n$，这反映了实际系统的惯性，输出信号不能立即复现出输入信号。输入信号导入系统后，系统需要一定的反应时间才能达到要求的数值。

⑤ 传递函数的拉氏反变换是理想单位脉冲信号 $\delta(t)$ 的响应。

⑥ 传递函数都有其相对应的零极点图。

（9）典型环节的传递函数

典型环节的传递函数推导过程与上文类似，最终结果示例见表 6-2。

表 6-2　典型环节的传递函数表

| 环节 | 输出输入微分表达式 | 传递函数 |
| --- | --- | --- |
| 比例环节 | $y(t)=Kx(t)\quad(t\geqslant 0)$ | $G(s)=\dfrac{Y(s)}{X(s)}=K$ |
| 积分环节 | $y(t)=\int_0^t x(t)\mathrm{d}t\quad(t\geqslant 0)$ | $G(s)=\dfrac{Y(s)}{X(s)}=\dfrac{1}{s}$ |
| 纯微分环节 | $y(t)=\dfrac{\mathrm{d}x(t)}{\mathrm{d}t}\quad(t\geqslant 0)$ | $G(s)=\dfrac{Y(s)}{X(s)}=s$ |
| 一阶微分环节 | $y(t)=\tau\dfrac{\mathrm{d}x(t)}{\mathrm{d}(t)}+x(t)\quad(t\geqslant 0)$ | $G(s)=\dfrac{Y(s)}{X(s)}=\tau s+1$ |
| 二阶微分环节 | $y(t)=\tau^2\dfrac{\mathrm{d}^2 x(t)}{\mathrm{d}t^2}+2\xi\tau\dfrac{\mathrm{d}x(t)}{\mathrm{d}t}+x(t)\quad(t\geqslant 0)$ | $G(s)=\dfrac{Y(s)}{X(s)}=\tau^2 s^2+2\xi\tau s+1$ |
| 惯性环节 | $T\dfrac{\mathrm{d}y(t)}{\mathrm{d}t}+y(t)=x(t)\quad(t\geqslant 0)$ | $G(s)=\dfrac{Y(s)}{X(s)}=\dfrac{1}{Ts+1}$ |
| 振荡环节 | $T^2\dfrac{\mathrm{d}^2 y(t)}{\mathrm{d}t^2}+2\xi T\dfrac{\mathrm{d}y(t)}{\mathrm{d}t}+y(t)=x(t)$ $(0<\xi<1)\quad(t\geqslant 0)$ | $G(s)=\dfrac{Y(s)}{X(s)}=\dfrac{1}{T^2 s^2+2\xi Ts+1}=\dfrac{\omega_n^2}{s^2+2\xi\omega_n s+\omega_n^2}$ |
| 延迟环节 | $y(t)=x(t-\tau)\quad(t\geqslant 0)$ | $G(s)=\dfrac{Y(s)}{X(s)}=\mathrm{e}^{-\tau s}$ |

综上所述，各个环节是根据运动微分方程划分的，一个环节不一定代表一个元件，也许是几个元件之间的运动特性才组成一个环节。此外，同一元件在不同系统中的作用不同，输入输出的物理量不同，也可起到不同环节的作用。

### 6.2.3　结构图及其简化

控制系统可以由许多元件组成，为了表明元件在系统中的功能，便于对系统进行分析和研究，经常要用到系统方框图。系统方框图是系统中每个元件的功能和信号流向的图解形式，表明了系统中各种元件的相互关系和信号流动情况。在控制工程中得到了广泛的应用。

（1）结构方框图的构成

系统的结构图包括函数方块、信号流线、引出线、相加点和分支点等图形符号。把系统中的各个环节用函数方块表示，按照系统中各变量之间的关系，用信号流线和分支点把函数方块连接成一个整体，这样获得的完整的图形就是控制系统的结构方框图。

系统结构图的一般形式如图 6-9 所示。

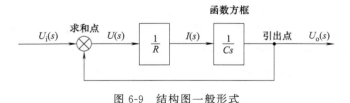

图 6-9　结构图一般形式

① 函数方块　函数方块是各个环节的传递函数，表示该环节输入到输出的单向传递的函数关系，如图 6-10（a）所示。

② 信号流线　信号流线是带箭头的直线，箭头表示信号的流向，指向函数方块表示信

号输入，背离函数方块表示信号输出。在直线旁标记信号的时间函数或象函数，如图6-10（b）所示。

③ 相加点　相加点表示两个或两个以上输入信号的代数和。符号"＋"表示信号相加，符号"－"表示信号相减，其中"＋"可以省略，如图6-10（c）所示，此时$X_o(s)=X_1(s)+X_2(s)+X_3(s)$。

④ 分支点　分支点表示信号引出和测量的位置，在同条信号流线上可引出多个分支点。在同一信号流线上引出的信号数值和性质完全相同，如图6-10（d）所示。

⑤ 求和点　求和点也称为比较点，是信号之间代数加减运算的图解，用符号及相应的信号箭头表示，每一个箭头前方的＋号或－号表示加上此信号或减去此信号。几个相邻的求和点可以合并、分解、互换，即满足代数加减运算的结合律、分配律、交换律，如图6-10（e）所示。

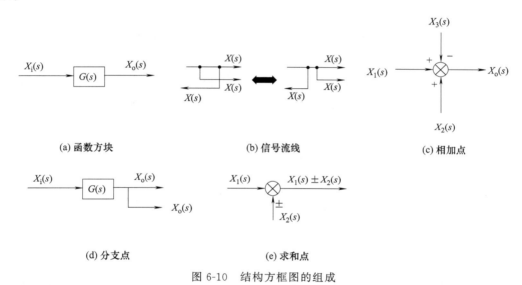

图6-10　结构方框图的组成

(2) 结构框图的连接

① 串联连接　前一环节的输出为后一环节的输入的连接方式称为串联连接，如图6-11（a）。一般地，设有$n$个环节串联而成一个系统，则有

$$G(s)=\prod_{i=1}^{n}G_i(s) \tag{6-21}$$

即系统的传递函数是各串联环节传递函数之积。

② 并联连接　各环节的输入信号相同，系统输出为各环节输出的代数加，这样相应的连接方式称为并联连接。如图6-11（b）所示，设具有传递函数有$n$个的节串联而成一系统，则有

$$G(s)=\sum_{i=1}^{n}G_i(s) \tag{6-22}$$

即系统的传递函数是各并联环节传递函数之和。

③ 反馈连接　一个方框的输出，输入到另一个方框，得到的输出再返回作用于前一个方框的输入端，这种结构称为反馈连接，如图6-12（a）所示，按信号传递的关系可写出：

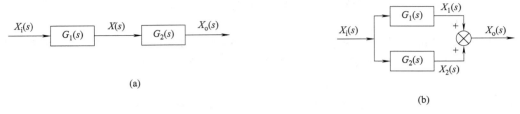

图 6-11 串联连接与并联连接

$$X_o(s)=G(s)E(s)$$
$$E(s)=X_i(s)\mp B(s)$$
$$B(s)=H(s)X_o(s)$$

消去 $E(s)$、$B(s)$，得

$$X_o(s)=G(s)[X_i(s)\mp H(s)X_o(s)]$$
$$[1\pm G(s)H(s)]X_o(s)=G(s)X_i(s)$$

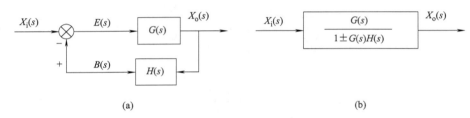

图 6-12 方框图反馈连接

因此，得闭环传递函数

$$\Phi(s)=\frac{X_o(s)}{X_i(s)}=\frac{G(s)}{1\pm G(s)H(s)} \tag{6-23}$$

式中，分母上的加号对应于负反馈；减号对应于正反馈。

即方框反馈连接后，其闭环传递函数等于前向通道的传递函数除以 1 加（或减）前向通道与反馈通道传递函数的乘积，见图 6-12（b）。

任何复杂系统的方框图，都不外乎是由串联、并联和反馈三种基本连接方式交织组成的，但要实现上述三种运算，则必须将复杂的交织状况变换为可运算的状态，这就要进行方框图的等效变换。

(3) 方框图的化简变换法则

许多控制系统的方块图由多个回路构成，为了方便计算和分析，常常需要对方块图进行简化。当一个方块的输出量不受其后的方块影响时，能够将它们串联连接。如果在这些元件之间存在着负载效应，就必须将这些元件归并为一个单一的方块。任意数量串联的、表示无负载效应元件的方块，可以用一个单一的方块代替，它的传递函数，就等于各单独传递函数的乘积。一个包含着许多反馈回路的复杂的方块图，可以应用方块图的代数法则，经过逐步重新排列和整理得到简化。

常见的变换法则主要有求和点移动、引出点移动、连接变换等。

① 求和点的移动 图 6-13 表示了求和点后移的等效结构。将 $G(s)$ 方框前的求和点后移到 $G(s)$ 的输出端，而且仍要保持信号 $A$、$B$、$C$ 的关系不变，则在被移动的通路上必须串入 $G(s)$ 方框，如 6-13（b）所示。

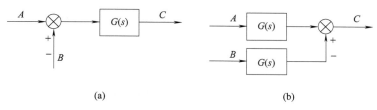

图 6-13 求和点后移

则移动前图中信号关系为 $C=G(s)(A\pm B)$
移动后，信号关系为 $C=G(s)A\pm G(s)B$
因为 $G(s)(A\pm B)=G(s)A\pm G(s)B$，所以它们是等效的。
图 6-14 所示为求和点前移的等效结构。

移动前，有 $C=AG(s)\pm B$

移动后，有 $C=G(s)\left[A\pm \dfrac{1}{G(s)}B\right]=G(s)A\pm B$

两者完全等效。

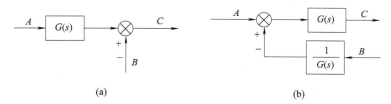

图 6-14 求和点前移

② 引出点的移动　如图 6-15 所示为引出点前移的等效结构。将 $G(s)$ 方框输出端的引出点移动到 $G(s)$ 的输入端，仍要保持总的信号不变；则在被移动的通路上应该串入 $G(s)$ 的方框，如 6-15（b）所示。

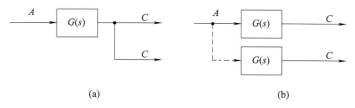

图 6-15 引出点前移

移动前，引出点引出的信号为
$$C=G(s)A$$
移动后，引出点引出的信号仍要保证为 $C$，即
$$C=G(s)A$$
图 6-16 所示为引出点后移的等效变换。显然，移动后的输出 $A$ 仍为
$$A=\dfrac{1}{G(s)}G(s)A=A$$

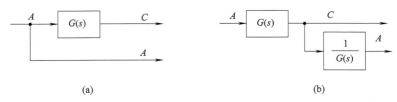

图 6-16 引出点后移

方框图等效变换法则如表 6-3 所示，具体应满足两条规律：
① 各前向通路传递函数的乘积保持不变。
② 各回路传递函数的乘积保持不变。

表 6-3 方框图等效变换法则

| 序号 | 原方框图 | 等效方框图 | 说明 |
| --- | --- | --- | --- |
| 1 | | | 加法交换律 |
| 2 | | | 加法结合律 |
| 3 | | | 乘法交换律 |
| 4 | | | 乘法结合律 |
| 5 | | | 并联环节简化 |
| 6 | | | 相加点前移 |
| 7 | | | 相加点后移 |
| 8 | | | 引出点前移 |
| 9 | | | 引出点后移 |

续表

| 序号 | 原方框图 | 等效方框图 | 说明 |
|---|---|---|---|
| 10 | | | 引出点前移越过比较点 |
| 11 | | | 将并联的一路变成1 |
| 12 | | | 将反馈系统变成单位反馈 |
| 13 | | | 反馈系统简化 |

**例 6-4** 简化图 6-17（a）所示系统的结构图。

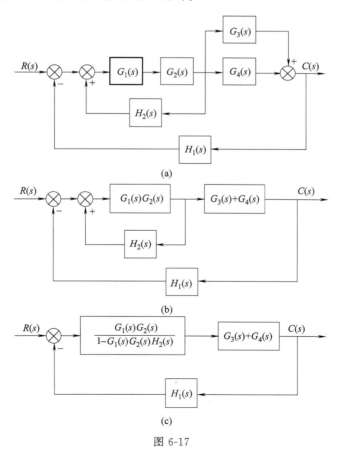

图 6-17

6 自动控制系统分析与设计 107

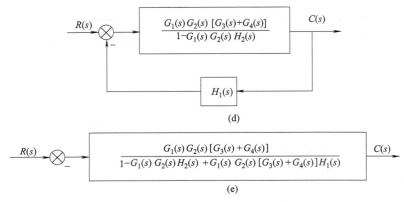

图 6-17　方框图简化过程

**解**　简化步骤如下：
① 合并图 6-17（a）中的串联和并联方块，变换为图 6-17（b）；
② 消除图 6-17（b）中的内部反馈回路，变换为图 6-17（c）；
③ 合并图 6-17（c）中的前向通道中的串联方块，变换为图 6-17（d）；
④ 消除图 6-17（d）中的反馈回路，从而使整个结构图变为一个方框，如图 6-17（e）。
所以，系统的传递函数为

$$\Phi(s) = \frac{C(s)}{R(s)} = \frac{G_1(s)G_2(s)[G_3(s)+G_4(s)]}{1 - G_1(s)G_2(s)H_2(s) + G_1(s)G_2(s)[G_3(s)+G_4(s)]H_1(s)} \tag{6-24}$$

（4）信号流图

虽然方框图对于分析系统很有用处，但遇到结构复杂的系统时，其简化和变换过程往往非常烦琐。一般可采用信号流图，它可在复杂控制系统中，表示系统变量之间的关系，且简单易绘制。信号流图是 1953 年由 S. J. 梅逊（Mason）首先提出的。

① 信号流图的组成　与图 6-18（a）所示系统方框图所对应的系统信号流图如图 6-18（b）所示。

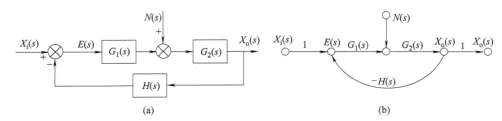

图 6-18　方框图与信号流图

由图中可看出信号流图是用一些节点和支路来描述系统，它基本包含了方框图所有的信息，应用梅逊公式，不必对信号流图进行简化，就可以找到系统中各变量间的关系。下面先结合图 6-18 简要介绍一下信号流图中用到的几个概念。

a. 节点。节点用来表示信号，其值等于所有进入该节点的所有信号之和。例如：图中的 $X_i(s)$、$X_o(s)$、$E(s)$、$N(s)$。其中，$N(s)$ 只有输出的线段，被称为输入节点或源点；$X_o(s)$ 只有输入的线段，被称为输出节点，也称汇点；$E(s)$ 既有输入又有输出的线段，被称为混合节点。

b. 支路。连接两个节点的定向线段称为支路，其上的箭头表明信号的流向，各支路上还标明了增益，即支路的传递函数，也被称为传输。例如，图中从节点 $X_i(s)$ 到 $E(s)$ 为一支路，其中 1 为该支路的增益。

c. 通路。从一个节点开始沿着支路箭头方向连续经过相连支路而终止到另一个节点（或同一节点）的路径称为通路。从输入节点到输出节点的通路上通过任何节点不多于一次的通路称为前向通路。

d. 回路。始端与终端重合且与任何节点相交不多于一次的通道称为回路。没有任何公共节点的回路称为不接触回路。

② 信号流图的绘制

**例 6-5** 将图 6-19 所示的方框图转化为信号流图。

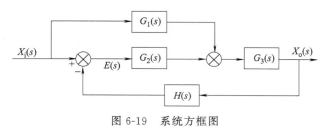

图 6-19 系统方框图

**解** 图 6-19 所示的信号流图如图 6-20 所示。

总结信号绘图的方法如下：

首先将系统微分方程进行拉普拉斯变换，转换成以 $s$ 为自变量的方程，再按照系统中变量的因果关系，从左向右顺序排列；然后，用带箭头的线段标明支路。

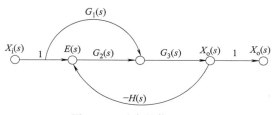

图 6-20 对应的信号流图

## 6.3 自动控制系统的时域分析

### 6.3.1 典型输入信号及其性能指标

所谓时域分析法就是在时间域内，研究在各种形式的输入信号作用下，系统输出相应的时间特征，即根据系统的微分方程，以拉普拉斯变换为数学工具，直接解出系统的时间响应，然后根据响应的表达式及其描述曲线来分析系统的输出量随着时间的变化规律。系统的过渡过程不仅取决于系统的结构和参数，还与输入信号有关，这种输入信号或函数称为典型信号。

常用的典型信号有以下几种形式。

① 阶跃信号 阶跃信号如图 6-21（a）所示，其数学表达式为：

$$x(t)=\begin{cases}0, & t<0 \\ R, & t\geqslant 0\end{cases} \qquad (6-25)$$

式中，$R$ 为常数，当 $R=1$ 时，称为单位阶跃信号，记为 $1(t)$，其数学表达式为

$$x(t)=\begin{cases}0, & t<0 \\ 1, & t\geq 0\end{cases} \tag{6-26}$$

工作状态突然改变或突然受到恒定输入作用的控制系统，均可视为阶跃信号，如电源突然接通、控制对象突然受力作用等。

② 速度信号（斜坡信号） 速度信号如图 6-21（b）所示，其数学表达式为：

$$x(t)=\begin{cases}0, & t<0 \\ Rt, & t\geq 0\end{cases} \tag{6-27}$$

式中，$R$ 为常数，当 $R=1$ 时，称为单位斜坡信号，记为 $t$，其数学表达式为

$$x(t)=\begin{cases}0, & t<0 \\ t, & t\geq 0\end{cases} \tag{6-28}$$

速度信号表示随时间匀速增加的信号，如汽车的匀速前进，数控机床加工斜面时的进给指令等。

③ 加速度信号 加速度信号如图 6-21（c）所示，其数学表达式为：

$$x(t)=\begin{cases}0, & t<0 \\ R\cdot\frac{1}{2}t^2, & t\geq 0\end{cases} \tag{6-29}$$

式中，$R$ 为常数，当 $R=1$ 时，称为单位加速度信号，记为 $\frac{1}{2}t^2$，其数学表达式为

$$x(t)=\begin{cases}0, & t<0 \\ \frac{1}{2}t^2, & t\geq 0\end{cases} \tag{6-30}$$

④ 正弦信号 正弦信号如图 6-21（d）所示，其数学表达式为：

$$x(t)=A\sin(\omega t) \tag{6-31}$$

式中，$A$ 为振幅，$\omega$ 为角频率。

在控制系统中，如海浪对船舰的干扰力、机械振动的噪声等都可近似为正弦信号；正弦信号可通过正弦发生器或正弦机发送轴转动而获得。

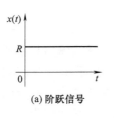
(a) 阶跃信号

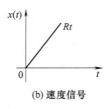
(b) 速度信号

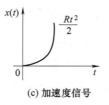
(c) 加速度信号

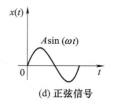
(d) 正弦信号

图 6-21 信号图

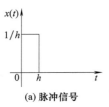
(a) 脉冲信号

(b) 理想单位脉冲

图 6-22 脉冲信号

⑤ 脉冲信号 脉冲信号如图 6-22（a）所示，其数学表达式为：

$$x(t)=\begin{cases}\frac{1}{h}, & 0\leq t\leq h \\ 0, & t<0 \text{ 或 } t>h\end{cases} \tag{6-32}$$

式中，脉冲宽度 $h$ 为常数。脉冲面积

为 1，当 $h \to 0$ 时，称为理想单位脉冲，如图 6-22（b）所示，记为 $\delta(t)$，其数学表达式为：

$$\delta(t) = \begin{cases} \infty, & t = 0 \\ 0, & t \neq 0 \end{cases}, 且 \int_{-\infty}^{+\infty} \delta(t) \mathrm{d}t = 1 \tag{6-33}$$

脉冲信号表示系统突然受到瞬时的冲击作用。

以上几种常用的典型输入信号形式简单，利用它们作为输入信号，便于对系统进行数学分析和实验研究。

对于同一系统，输入信号不同，那么对应的输出响应也不同，但由过渡过程表征的系统性能是一致的。在分析和设计过程中，具体采用哪种形式的典型输入信号，还要根据系统实际工作中的常见输入信号的特征。可以选用一种甚至几种典型信号的组合作为输入信号，可以便于在同一个基础上对各控制系统的性能进行比较和研究。但是对于一些随机系统，比如火炮系统，其实际输入信号是变化规律无法预知的随机信号，此时就不能用典型输入信号去代替实际输入信号，应考虑采用随机控制理论进行分析。

## 6.3.2 一阶系统时域分析

（1）时间响应

时间响应是指在输入信号作用下，系统输出随时间变化的函数关系。输入信号为典型信号时，微分方程数学模型的解就是系统时间响应的数学表达式。任意系统的时间响应都由瞬态响应和稳态响应两部分组成，响应图如 6-23 所示。

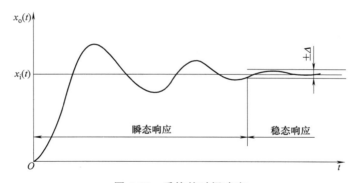

图 6-23 系统的时间响应

① 瞬态响应：系统在某一输入信号作用下，输出量从初始状态到稳定状态的响应过程。
② 稳态响应：当某一信号输入时，系统在时间趋于无穷大时的输出状态。

瞬态响应反映系统的快速性和稳定性，稳态响应反映系统的准确性。

（2）时域分析的性能指标

控制系统的性能指标是评价系统动态品质的定量指标，是定量分析的基础，时域性能指标比较直观，是以系统对单位阶跃输入信号的时间响应形式给出的，如图 6-24 所示，主要有上升时间 $t_\mathrm{r}$、峰值时间 $t_\mathrm{p}$、最大超调量 $M_\mathrm{p}$、调整时间 $t_\mathrm{s}$ 以及振荡次数 $N$ 等。

① 上升时间 $t_\mathrm{r}$　对于没有超调的系统，从理论上讲，其响应曲线到达稳态值的时间需要无穷大，因此，将其上升时间 $t_\mathrm{r}$ 定义为阶跃响应曲线从稳态值的 10% 上升到稳态值的 90% 所需的时间；对有振荡的系统，响应曲线从零时刻出发首次到达稳态值所需的时间定义为上升时间 $t_\mathrm{r}$。

② 峰值时间 $t_\mathrm{p}$　阶跃响应曲线从零时刻出发越过稳态值，首次到达第一个峰值所需的

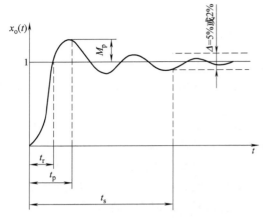

图 6-24　系统的动态性能指标

时间定义为峰值时间 $t_p$。

③ 最大超调量 $M_p$　阶跃响应曲线的最大峰值与稳态值的差定义为最大超调量 $M_p$，通常用百分数（%）来表示，即

$$M_p = \frac{x_o(t_p) - x_o(\infty)}{x_o(\infty)} \times 100\% \quad (6-34)$$

④ 调整时间 $t_s$　在阶跃响应曲线的稳态值处取 $\pm\Delta$（一般为 5% 或 2%）作为允许误差范围，响应曲线到达并将一直保持在这一误差范围内所需要的时间称为调整时间 $t_s$。调整时间的长短，直接表征了系统对输入信号的响应快速性。

⑤ 振荡次数 $N$　振荡次数 $N$ 是在调整时间 $t_s$ 内定义的，实测时可按响应曲线穿越稳态值次数的一半来记数。

（3）一阶系统的数学模型

用一阶微分方程描述的系统称为一阶系统。一阶系统在控制工程实践中应用广泛。一些控制元部件及简单系统，如 RC 电气系统、液位控制系统等都可看作一阶系统。

其方程的一般形式为：

$$T\dot{x}_o(t) + x_o(t) = x_i(t) \quad (6-35)$$

其传递函数为：

$$G(s) = \frac{X_o(s)}{X_i(s)} = \frac{1}{Ts+1} \quad (6-36)$$

式中（6-36），$T$ 为时间常数，具有时间单位"秒"的量纲。对于不同的系统，$T$ 由不同的物理量组成。它表达了一阶系统本身的与外界作用无关的固有特性，亦称为一阶系统的特征参数。从上面的表达式可以看出，一阶系统的典型形式是惯性环节，$T$ 是表征系统惯性的一个主要参数。

（4）一阶系统的单位阶跃响应

系统在单位阶跃信号作用下的输出称为单位阶跃响应。当一阶系统的输入信号 $x_i(t) = 1(t)$，即 $X_i(s) = \frac{1}{s}$，可得系统单位阶跃响应的拉普拉斯变换式为

$$X_o(s) = \frac{1}{s(Ts+1)} = \frac{1}{s} - \frac{T}{Ts+1} \quad (6-37)$$

对式（6-37）取拉普拉斯反变换，可得系统的单位阶跃响应为

$$x_o(t) = x_s(t) + x_t(t) = 1 - e^{-\frac{t}{T}} \quad (t \geq 0) \quad (6-38)$$

由式（6-38）可知，$x_o(t)$ 中 $e^{-\frac{t}{T}}$ 为瞬态分量，1 为稳态分量。根据式（6-38）绘制系统的单位脉冲响应曲线如图 6-25 所示，是一条单调的指数上升曲线。

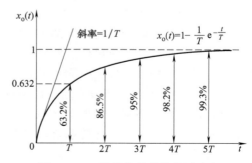

图 6-25　一阶系统的单位阶跃响应

由图 6-25 及式（6-38）可知：

① $t=T$ 时，$x_o(t)=0.632$，表示系统输出响应 $x_o(t)$ 从初始值达到稳态值的 63.2% 时，所经历的时间为 $T$，由此可见，系统的时间常数 $T$ 越小，响应速度越快；

② 响应曲线在 $t=0$ 处的切线斜率为 $1/T$，$\left.\dfrac{\mathrm{d}x_o(t)}{\mathrm{d}t}\right|_{t=0}=\dfrac{1}{T}$；

③ 当 $t\to\infty$ 时，$x_o(t)=1$，这时输入与输出一致，误差为零，且过渡过程平稳（即无振荡）；

④ 根据调整时间 $t_s$ 的定义，如果希望响应曲线保持在稳态值的 5% 的允许范围内，即

$$h(t_s)=1-\mathrm{e}^{-\frac{t_s}{T}}=0.95$$

得
$$t_s=3T \tag{6-39}$$

如果希望响应曲线保持在稳态值的 2% 的允许范围内，即

$$h(t_s)=1-\mathrm{e}^{-\frac{t_s}{T}}=0.982$$

得
$$t_s=4T \tag{6-40}$$

由此可见时间常数 $T$ 是一阶系统的重要特征参数。$T$ 的大小，反映了过渡过程持续时间的长短；$T$ 越小，过渡过程时间越短，则系统的响应就越快。

（5）一阶系统的单位脉冲响应

当系统的输入信号是理想单位脉冲信号 $\delta(t)$ 时，系统的输出 $y(t)$ 就是单位脉冲响应。输入信号 $x(t)=\delta(t)$，其拉普拉斯变换 $X(s)=1$，对应的输出响应为

$$Y(s)=G(s)X(s)=\dfrac{1}{Ts+1}\cdot 1=\dfrac{1}{Ts+1}$$

取 $Y(s)$ 的拉普拉斯反变换，一阶系统的理想单位脉冲响应为

$$y(t)=L^{-1}\left[\dfrac{1}{Ts+1}\right]=\dfrac{1}{T}\mathrm{e}^{-\frac{t}{T}} \quad (t\geqslant 0) \tag{6-41}$$

一阶系统的单位脉冲响应曲线如图 6-26 所示。由此可见系统单位脉冲响应特点如下。

① 响应曲线为单调下降的指数曲线，在初始 $t=0$ 时，输出信号达到最大值 $1/T$；$t\to\infty$ 时，幅值逐渐衰减，直至为零，因此不存在稳态分量，这也与输入信号相一致。对公式（6-41）求一阶导数，响应曲线的斜率

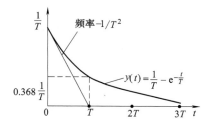

图 6-26　一阶系统的单位脉冲响应

$$\dfrac{\mathrm{d}y(t)}{\mathrm{d}t}=-\dfrac{1}{T^2}\mathrm{e}^{-\frac{t}{T}} \tag{6-42}$$

且 $\left.\dfrac{\mathrm{d}y(t)}{\mathrm{d}t}\right|_{t=0}=-\dfrac{1}{T^2}$，$\left.\dfrac{\mathrm{d}y(t)}{\mathrm{d}t}\right|_{t=\infty}=0$。

② 指数曲线衰减到初始值的 5% 对应的过渡过程时间 $t_s=3T$；而衰减到初始值的 2% 对应的过渡过程时间 $t_s=4T$。系统的过渡过程时间由时间常数 $T$ 决定。时间常数 $T$ 由系统的结构和参数决定，属于系统的固有属性。

③ 由于实际工程中理想单位脉冲信号无法获取，往往以脉宽为 $b$、有限幅度的脉冲来代替，为得到近似精度较高的单位脉冲响应，一般要求 $b<0.1T$。

（6）一阶系统的单位斜坡响应

系统在单位斜坡信号作用下的输出称为单位斜坡响应。当一阶系统的输入信号 $x_i(t)=t$，即 $X_i(s)=\dfrac{1}{s^2}$，可得系统单位斜坡响应的拉普拉斯变换式为

$$X_o(s)=\frac{1}{s^2(Ts+1)}=\frac{1}{s^2}-\frac{T}{s}+\frac{T}{s+\dfrac{1}{T}} \tag{6-43}$$

对式（6-43）取拉普拉斯反变换，可得系统的单位斜坡响应为

$$x_o(t)=t-T+Te^{-\frac{1}{T}t} \quad (t\geqslant 0) \tag{6-44}$$

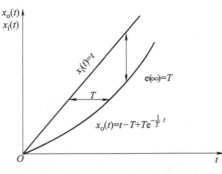

图 6-27 一阶系统的单位斜坡响应

根据式（6-44）绘制系统的单位斜坡响应曲线如图 6-27 所示，是一条由零开始逐渐变为等速变化的曲线，稳态输出与输入同斜率，但滞后一个时间常数 $T$，即存在跟踪误差，其数值与时间 $T$ 相等。

根据一阶系统的过渡过程，将对各典型信号的响应列入表 6-4。根据表 6-4 可见，系统对输入信号导数的响应等于系统对该输入信号响应的导数。系统对输入信号积分的响应等于系统对该输入信号响应的积分，积分常数由零初始条件决定。这一特征适用于任何线性定常系统，因此，研究线性定常系统的响应时，可以只取系统对一种典型信号的响应进行研究，再根据输入信号之间的关系，推导出对其他信号的响应情况。

表 6-4 一阶系统对典型信号的响应

| 输入信号 $x(t)$ | 输出信号 $y(t)$ | 输入信号 $x(t)$ | 输出信号 $y(t)$ |
| --- | --- | --- | --- |
| $\delta(t)$ | $y(t)=\dfrac{1}{T}e^{-\frac{t}{T}}$ | $t$ | $y(t)=t-T+Te^{-\frac{t}{T}}$ |
| $1(t)$ | $y(t)=1-e^{-\frac{t}{T}}$ | $t^2/2$ | $y(t)=\dfrac{1}{2}t^2-Tt+T^2\left(1-e^{-\frac{t}{T}}\right)$ |

### 6.3.3 二阶系统时域分析

（1）二阶系统的数学模型

凡是系统的输出信号与输入信号能用二阶微分方程描述的系统称为二阶系统。二阶系统在控制工程上非常重要，因为很多实际系统都是二阶系统。许多高阶系统在一定条件下可以近似地简化为二阶系统来研究。因此，分析二阶系统的响应特性具有重要的实际意义。

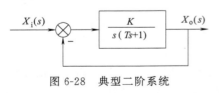

图 6-28 典型二阶系统

一个典型的二阶系统框图如图 6-28 所示，它由比例环节、积分环节和惯性环节串联后经单位负反馈构成，其传递函数为

$$G(s)=\frac{X_o(s)}{X_i(s)}=\frac{K}{s(Ts+1)+K}=\frac{K}{Ts^2+s+K} \tag{6-45}$$

式中 $K$ 为系统开环增益；$T$ 为系统时间常数。

二阶系统的典型传递函数通常写成以下标准形式

$$G(s)=\frac{X_o(s)}{X_i(s)}=\frac{\omega_n^2}{s^2+2\xi\omega_n s+\omega_n^2}（首1标准型）$$

$$G(s)=\frac{X_o(s)}{X_i(s)}=\frac{1}{T^2 s^2+2\xi Ts+1}（尾1标准型）$$

式中，$\omega_n=\sqrt{\dfrac{K}{T}}$ 称为二阶系统的无阻尼固有频率；$\xi=\dfrac{1}{2\sqrt{TK}}$ 称为系统的阻尼比。

$\omega_n$ 和 $\xi$ 是二阶系统重要的特征参数，因为它们决定着二阶系统的时间响应特征。二阶系统的首1标准型传递函数常用于时域分析中，频域分析时则常用尾1标准型。

可求得二阶系统的特征方程

$$s^2+2\xi\omega_n s+\omega_n^2=0 \tag{6-46}$$

闭环特征方程的特征根为

$$s_{1,2}=-\xi\omega_n\pm\omega_n\sqrt{\xi^2-1} \tag{6-47}$$

由此可见，阻尼比 $\xi$ 的取值不同，二阶系统的特征根（闭环极点）形式不同，系统的时间响应也不同。

① 当 $0<\xi<1$ 时，称为欠阻尼状态，方程有一对实部为负的共轭复根，即

$$s_{1,2}=-\xi\omega_n\pm j\omega_n\sqrt{1-\xi^2}$$

此时，二阶系统的传递函数的极点是一对位于复平面 $[s]$ 的左半平面内的共轭复数极点。如图 6-29（a）所示。这时，系统称为欠阻尼系统。

② 当 $\xi=1$ 时，称为临界阻尼状态。系统有一对相等的负实根，$s_{1,2}=-\xi\omega_n$，如图 6-29（b）所示，这时，系统称为临界阻尼系统。

③ 当 $\xi>1$ 时，称为过阻尼状态，系统有两个不等的负实根，即

$$s_{1,2}=-\xi\omega_n\pm\omega_n\sqrt{\xi^2-1}$$

如图 6-29（c）所示，这时，系统称为过阻尼系统。

④ 当 $\xi=0$ 时，称为零阻尼状态。系统有一对纯虚根，$s_{1,2}=-j\omega_n$，如图 6-29（d）所示，这时，系统称为无阻尼系统。

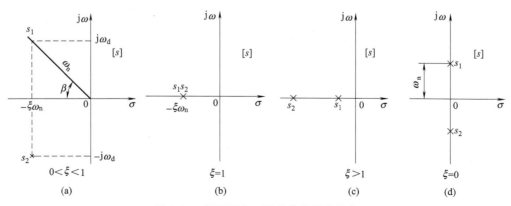

图 6-29 复平面上二阶系统特征根分布

（2）二阶系统的单位阶跃响应

如果二阶系统的输入信号为 $x_i(t)=1(t)$，则 $X_i(s)=\dfrac{1}{s}$，二阶系统在单位阶跃信号作用下的输出的拉普拉斯变换为

$$X_o(s)=G(s)X_i(s)=\dfrac{\omega_n^2}{s(s^2+2\xi\omega_n s+\omega_n^2)}$$

对上式拉普拉斯反变换，得出二阶系统的单位阶跃响应为

$$x_o(t)=L^{-1}[X_o(s)]=L^{-1}\left[\dfrac{\omega_n^2}{s(s^2+2\xi\omega_n s+\omega_n^2)}\right] \tag{6-48}$$

下面根据阻尼比 $\xi$ 的不同取值来分析二阶系统的单位阶跃响应。

① 欠阻尼系统（$0<\xi<1$） 在欠阻尼状态下，二阶系统具有一对共轭复数极点，二阶系统单位阶跃响应的拉普拉斯变换可展开成部分分式，即

$$X_o(s)=\dfrac{\omega_n^2}{s(s^2+2\xi\omega_n s+\omega_n^2)}=\dfrac{1}{s}-\dfrac{s+\xi\omega_n}{(s+\xi\omega_n)^2+\omega_d^2}-\dfrac{\xi}{\sqrt{1-\xi^2}}\cdot\dfrac{\omega_d}{(s+\xi\omega_n)^2+\omega_d^2}$$

对上式取拉普拉斯反变换，得二阶系统在欠阻尼状态下的单位阶跃响应为

$$\begin{aligned}x_o(t)&=1-e^{-\xi\omega_n t}\cos\omega_d t-\dfrac{\xi}{\sqrt{1-\xi^2}}e^{-\xi\omega_n t}\sin\omega_d t\\&=1-\dfrac{e^{-\xi\omega_n t}}{\sqrt{1-\xi^2}}(\sqrt{1-\xi^2}\cos\omega_d t+\xi\sin\omega_d t)\\&=1-\dfrac{e^{-\xi\omega_n t}}{\sqrt{1-\xi^2}}\sin(\omega_d t+\varphi)\quad(t\geqslant 0)\end{aligned} \tag{6-49}$$

其中，$\varphi=\arctan\dfrac{\sqrt{1-\xi^2}}{\xi}$（$\sin\varphi=\sqrt{1-\xi^2}$；$\cos\varphi=\xi$）。

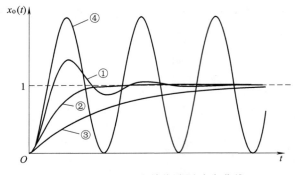

图 6-30 二阶系统单位阶跃响应曲线

从图 6-30 的曲线①可以看出，二阶系统在欠阻尼状态下的单位阶跃响应曲线是一条衰减的正弦振荡曲线，欠阻尼二阶系统的单位阶跃响应有两部分组成：稳态分量为 1；瞬态分量是一个以 $\omega_d$ 为频率的衰减振荡过程，响应曲线位于两条包络线 $1\pm e^{-\xi\omega_n t}/\sqrt{1-\xi^2}$ 之间，其衰减得快慢取决于 $\omega_n$ 和 $\xi$ 的大小，指数 $\xi\omega_n$ 称为衰减指数。

② 临界阻尼状态（$\xi=1$） 在临界阻尼状态下，二阶系统具有两个相等的负实数极点，二阶系统的单位阶跃响应的拉普拉斯变换可展开成部分分式，即

$$X_o(s)=\dfrac{\omega_n^2}{s(s^2+2\xi\omega_n s+\omega_n^2)}=\dfrac{\omega_n^2}{s(s+\omega_n)^2}=\dfrac{1}{s}-\dfrac{1}{s+\omega_n}-\dfrac{\omega_n}{(s+\omega_n)^2}$$

将上式进行拉普拉斯反变换，得出二阶系统在临界阻尼状态时的单位阶跃响应为

$$x_o(t) = 1 - e^{-\xi\omega_n t} - \omega_n t e^{-\xi\omega_n t} = 1 - e^{-\xi\omega_n t}(1 + \omega_n t) \quad (t \geq 0) \tag{6-50}$$

二阶系统在临界阻尼状态下的单位阶跃响应曲线如图 6-30 曲线②所示，是一条无振荡、无超调的单调上升曲线，二阶系统处于振荡与不振荡的临界状态。

③ 过阻尼状态（$\xi > 1$） 在过阻尼状态下，二阶系统具有两个不相等的负实数极点，二阶系统的单位阶跃响应的拉普拉斯变换可展开成部分分式，即

$$X_o(s) = \frac{\omega_n^2}{s(s^2 + 2\xi\omega_n s + \omega_n^2)} = \frac{1}{s} - \frac{1}{2(1 + \xi\sqrt{\xi^2-1} - \xi^2)(s + \xi\omega_n - \omega_n\sqrt{\xi^2-1})} - \frac{1}{2(1 - \xi\sqrt{\xi^2-1} - \xi^2)(s + \xi\omega_n + \omega_n\sqrt{\xi^2-1})}$$

将上式进行拉普拉斯反变换，得出二阶系统在过阻尼状态时的单位阶跃响应为

$$x_o(t) = 1 - \frac{1}{2(1 + \xi\sqrt{\xi^2-1} - \xi^2)} e^{-(\xi - \sqrt{\xi^2-1})\omega_n t} - \frac{1}{2(1 - \xi\sqrt{\xi^2-1} - \xi^2)} e^{-(\xi + \sqrt{\xi^2-1})\omega_n t}$$

(6-51)

二阶系统在过阻尼状态下的单位阶跃响应曲线如图 6-30 的曲线③所示，由图可见，这是一条无振荡的单调上升曲线，二阶系统的过渡过程时间较长。由上式可以看出，$x_o(t)$ 中包含两个衰减的指数项。由于两个闭环极点距离虚轴的远近不同，则两个指数项衰减的速度也不同。当二者差别很大时，离虚轴太远的极点可以忽略不计，该系统可以近似处理为一阶系统。

④ 无阻尼状态（$\xi = 0$） 在无阻尼状态下，二阶系统具有一对共轭虚数极点，二阶系统的单位阶跃响应的拉普拉斯变换可展开成部分分式，即

$$X_o(s) = \frac{\omega_n^2}{s(s^2 + 2\xi\omega_n s + \omega_n^2)} = \frac{\omega_n^2}{s(s^2 + \omega_n^2)} = \frac{1}{s} - \frac{s}{s^2 + \omega_n^2}$$

将上式进行拉普拉斯反变换，得出二阶系统在无阻尼状态时的单位阶跃响应为

$$x_o(t) = 1 - \cos\omega_n t \quad (t \geq 0) \tag{6-52}$$

二阶系统在零阻尼状态下的单位阶跃响应曲线如图 6-30 的曲线④所示，它是一条无阻尼等幅振荡曲线，二阶系统处于临界稳定状态。

二阶系统对单位脉冲、单位速度输入信号的时间响应，其分析方法相同，这里不再作详细说明。

（3）二阶系统的时域性能指标

通常对控制系统的性能分析，是通过系统对单位阶跃信号的响应特征来定义的。一般认为阶跃信号对于系统来说是最不利的输入情况，若系统在阶跃信号作用下能够满足要求，那么系统在其他形式输入信号作用下的性能也可满足要求。下面就来定义二阶系统单位阶跃响应的一些特征量，作为评价二阶系统的性能指标。

系统在单位阶跃信号作用下的过渡过程与初始条件有关，为了便于比较分析各种系统的性能，通常假设系统的初始条件为零。一般采用下面的性能指标评价欠阻尼系统的过渡过程的特性：上升时间 $t_r$、峰值时间 $t_p$、最大超调量 $\sigma_p$、过渡过程时间 $t_s$、振荡次数 $N$。

① 上升时间 $t_r$  对于欠阻尼系统，过渡过程曲线从原始状态开始，第一次达到稳态值所需要的时间称为上升时间；对于过阻尼系统，一般定义为过渡过程曲线从稳态值的 10% 上升到 90% 所需要的时间为上升时间。

$$t_r = \frac{\pi - \varphi}{\omega_d} = \frac{\pi - \varphi}{\omega_n \sqrt{1-\xi^2}} \tag{6-53}$$

式中，$\varphi = \arctan(\sqrt{1-\xi^2}/\xi)$。

② 峰值时间 $t_p$  欠阻尼系统过渡过程曲线达到第一个峰值所需要的时间称为峰值时间。将公式（6-51）对时间求导数，令其等于零，对应的时间即为峰值时间。

$$t_p = \frac{\pi}{\omega_d} = \frac{\pi}{\omega_n \sqrt{1-\xi^2}} \tag{6-54}$$

③ 最大超调量 $\sigma_p$  最大超调量 $\sigma_p$ 是指过渡过程曲线的最大值 $y_{max}$ 超出稳定值 $y(\infty)$ 的百分比。若输出响应单调变化，则系统无超调量。

$$\sigma_p = \frac{y(t_p) - y(\infty)}{y(\infty)} \times 100\% = e^{\frac{-\pi\xi}{\sqrt{1-\xi^2}}} \times 100\% \tag{6-55}$$

④ 过渡过程时间 $t_s$  过渡过程时间 $t_s$ 是指当阶跃响应曲线衰减到并始终保持在终值的允许误差带内所需的最短时间；通常允许误差范围取 5% 或 2%。调节时间反映了系统的惯性，即响应速度。

$$t_s = \frac{3}{\xi \omega_n} \quad (\Delta = 5\%) \tag{6-56}$$

$$t_s = \frac{4}{\xi \omega_n} \quad (\Delta = 2\%) \tag{6-57}$$

⑤ 振荡次数 $N$  振荡次数是在过渡过程时间内，过渡过程 $c(t)$ 穿越稳态值 $c(\infty)$ 次数的一半，即过渡过程时间内的振荡周期数。

由于二阶欠阻尼系统的振荡周期 $T_d = 2\pi/\omega_d$，因此振荡次数为

$$N = \frac{t_s}{T_d} = \frac{t_s}{2\pi/\omega_d} \tag{6-58}$$

允许误差范围 $\Delta = 5\%$ 和 $\Delta = 2\%$ 时，对应的振荡次数分别是

$$N = \frac{2\sqrt{1-\xi^2}}{\pi \xi} \quad (\Delta = 5\%)$$

$$N = \frac{1.5\sqrt{1-\xi^2}}{\pi \xi} \quad (\Delta = 2\%)$$

振荡次数只跟系统的阻尼比 $\xi$ 有关，反映了系统的阻尼特性。振荡次数与阻尼比成反比，随着阻尼比 $\xi$ 的增大，系统振幅衰减越快，系统在较短的时间趋于稳定，振荡次数减少。

**例 6-6**  某数控机床的位置随动系统为单位负反馈系统，其开环传递函数为 $G(s) = \frac{9}{s(s+1)}$，试计算系统的 $M_p$、$t_p$、$t_s$ 和 $N$。

**解**  系统的闭环传递函数为

$$\Phi(s) = \frac{G(s)}{1+G(s)} = \frac{9}{s(s+1)+9} = \frac{9}{s^2+s+9}$$

系统为典型的二阶系统，其特征参数 $\omega_n=3\text{rad}\cdot\text{s}^{-1}$，$\xi=1/6$，这是一个欠阻尼二阶系统，其性能指标为：

峰值时间
$$t_p=\frac{\pi}{\omega_n\sqrt{1-\xi^2}}=1.062\text{s}$$

最大超调量
$$M_p=\text{e}^{-\frac{\pi\xi}{\sqrt{1-\xi^2}}}\times100\%=53.8\%$$

调整时间
$$t_s=\frac{3}{\xi\omega_n}=6\text{s}\quad(\Delta=5\%)$$

$$t_s=\frac{4}{\xi\omega_n}=8\text{s}\quad(\Delta=2\%)$$

振荡次数
$$N=\frac{t_s}{2\pi/\omega_d}=\frac{1.5\sqrt{1-\xi^2}}{\pi\xi}\approx3\quad(\Delta=5\%)$$

$$N=\frac{t_s}{2\pi/\omega_d}=\frac{2\sqrt{1-\xi^2}}{\pi\xi}\approx4\quad(\Delta=2\%)$$

### 6.3.4 高阶系统时域分析

用三阶或三阶以上的微分方程描述的系统叫做高阶系统。实际上，大量的系统，特别是机械系统，几乎都可用高阶微分方程来描述。对高阶系统的研究和分析，一般是比较复杂的。这就要求在分析高阶系统时，要抓住主要矛盾，忽略次要因素，使问题简化，从前述可知，高阶系统总可化为零阶、一阶与二阶环节等的组合，而且也可包含延时环节，而一般所关注的往往是高阶系统中的二阶振荡环节的特性。因此，这里将着重阐明高阶系统过渡过程的主导极点的概念，并利用这一概念，将高阶系统简化为二阶振荡系统，在此基础上利用关于二阶系统的一些结论对高阶系统作近似分析。

高阶系统的闭环传递函数可表达为

$$G(s)=\frac{N(s)}{D(s)}=\frac{b_m s^m+b_{m-1}s^{m-1}+\cdots+b_1 s+b_0}{a_n s^n+a_{n-1}s^{n-1}+\cdots+a_1 s+a_0}=\frac{N(s)}{D(s)}\quad(m\leqslant n)\quad(6\text{-}59)$$

系统的特征方程为

$$D(s)=a_n s^n+a_{n-1}s^{n-1}+\cdots+a_1 s+a_0$$

特征方程共有 $n$ 个特征根，假设其中实数根为 $n_1$ 个，共轭复数根为 $n_2$ 对，并且 $n=n_1+n_2$。特征方程可分解为 $n_1$ 个一次因式和 $n_2$ 个二次因式乘积的形式。

一次因式形式为：$s-p_i\quad(i=1,2,\cdots,n_1)$；

二次因式形式为：$s^2+2\xi_k\omega_{nk}s+\omega_{nk}^2\quad(k=1,2,\text{L},n_2)$。

闭环系统共有 $n_1$ 个实数极点 $p_i$ 以及 $n_2$ 对共轭复数极点 $-\xi_k\omega_{nk}s\pm j\omega_{nk}\sqrt{1-\xi_k^2}$。

假定系统闭环传递函数有 $m$ 个零点 $Z_j$（$j=1,2,3,\cdots,m$）。为了便于分析高阶系统的特性，表达为零极点形式为

$$\phi(s)=\frac{N(s)}{D(s)}=K\frac{\prod\limits_{j=1}^{m}(s-z_j)}{\prod\limits_{i=1}^{n_1}(s-p_i)\prod\limits_{k=1}^{n_2}(s^2+2\xi_k\omega_{nk}s+\omega_{nk}^2)}$$

在单位阶跃信号 $X(s)=\dfrac{1}{s}$ 的作用下,系统的输出为

$$Y(s) = K \frac{\prod\limits_{j=1}^{m}(s-z_j)}{\prod\limits_{i=1}^{n_1}(s-p_i)\prod\limits_{k=1}^{n_2}(s^2+2\xi_k\omega_{nk}s+\omega_{nk}^2)} \cdot \frac{1}{s}$$

当 $0<\xi_k<1$ 时,对上式进行部分分式分解,可得

$$Y(s) = \frac{A_0}{s} + \sum_{i=1}^{n_1}\frac{A_i}{s-p_i} + \sum_{k=1}^{n_2}\frac{B_k s + C_k}{s^2+2\xi_k\omega_{nk}s+\omega_{nk}^2}$$

式中,$A_0$、$A_i$、$B_k$、$C_k$ 为部分分式确定的常数。在零初始条件下,对上公式进行拉普拉斯反变换,可得高阶系统的单位阶跃响应

$$y(t) = A_0 + \sum_{i=1}^{n_1} A_i e^{p_i t} + \sum_{k=1}^{n_2} D_k e^{-\xi_k \omega_{nk} t} \sin(\omega_{dk} t + \varphi_k)$$

式中,$D_k = \sqrt{B_k^2 + \left(\dfrac{C_k - \xi_k \omega_{nk} B_k}{\omega_{dk}}\right)^2}$ $(k=1, 2, 3, \cdots, n_2)$

$$\varphi_k = \arctan\frac{B_k \omega_{dk}}{C_k - \xi_k \omega_{nk} B_k}$$

$$\omega_{dk} = \omega_{nk}\sqrt{1-\xi_k^2}$$

上式表明,高阶系统对单位阶跃信号的过渡过程曲线包含稳态分量、指数函数分量和衰减正弦函数分量。因此,高阶系统可看作多个一阶环节和二阶环节叠加的结果。其中,一阶环节和二阶环节的响应特性取决于闭环极点和零点在 [s] 平面左半部分中的分布。据此,可得出如下结论:

① 高阶系统的闭环极点全都具有负实部,即闭环极点全都位于 [s] 平面的左半部分,高阶系统稳定,稳态输出为 $A_0$。各分量衰减的速度取决于极点距虚轴的距离,即 $p_i$、$\xi_k\omega_{nk}$ 的值的大小。距离虚轴较近的极点对应的过渡过程分量衰减的速度较慢,这些分量在决定过渡过程形式方面影响较大。而距离较远的极点衰减速度较快,对过渡过程的影响不大。

② 高阶系统暂态响应的幅值 $A_i$、$D_k$,不仅与闭环极点有关,而且还与闭环零点有关。闭环极点决定了一阶环节的指数项和二阶环节的阻尼正弦的指数项。闭环零点与指数项无关,但却影响各暂态响应的幅值大小和符号,进而影响系统过渡过程曲线。极点距离原点越远,则其对应的暂态响应分量的幅值越小,该分量对暂态响应的影响就越小;当极点与零点距离较近时,对应暂态响应分量的幅值也较小,则该极点和零点对系统的过渡过程的影响较小。系数大且衰减较慢的分量在暂态响应中起主导作用,系数小且衰减快的分量对暂态响应的影响较小。在分析高阶系统时,对暂态响应影响较小的分量可忽略不计,将高阶系统的响应近似为低阶系统的响应来分析。

**例 6-7** 有一高阶系统传递函数为

$$G(s) = \frac{10(s+3.2)}{(s+3)(s+10)(s^2+2s+2)}$$

试求单位阶跃响应的动态性能和稳态输出。

**解** 传递函数可转换为

$$G(s)=\frac{10(s+3.2)}{(s+3)(s+10)(s+1+j)(s+1-j)}$$

零极点分布见图 6-31。有

$$G(s)=\frac{32\left(\frac{1}{3.2}s+1\right)}{3\times 10\left(\frac{1}{3}s+1\right)\left(\frac{1}{10}s+1\right)(s^2+2s+2)}\approx 0.53\times\frac{2}{(s^2+2s+2)}$$

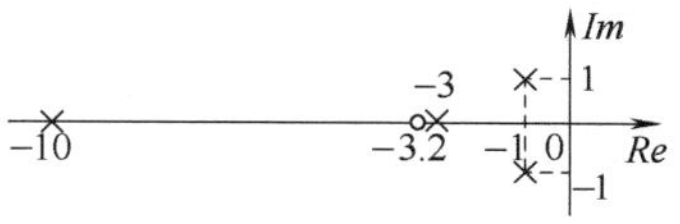

图 6-31 高阶系统近似成低阶系统

与标准的欠阻尼二阶系统只相差一个倍数 0.53。根据上面的第①点结论，这并不影响响应曲线的形状，而只影响响应的幅度。故响应的参数和阶跃响应的性能指标分别为

$$\omega_n=\sqrt{2},\quad \xi=2/(2\sqrt{2})=0.707$$

$$\sigma\approx e^{-\pi\xi/\sqrt{1-\xi^2}}=e^{-\pi\times 0.707/\sqrt{1-0.707^2}}=4.3\%$$

$$t_s\approx\frac{3}{\xi\omega_n}=\frac{3}{0.707\times\sqrt{2}}s=3s$$

由于传递函数是标准欠阻尼二阶系统的 0.53 倍，故单位阶跃输入时的稳态输出为 0.53。其实这个结果用静态增益的概念也可以得到，而不必化简传递函数。即静态增益为

$$G(0)=\frac{10(s+3.2)}{(s+3)(s+10)(s^2+2s+2)}\bigg|_{s=0}=\frac{10\times 3.2}{3\times 10\times 2}=0.53$$

而输入的稳态值为 1，故输出的稳态值为 0.53。离虚轴很近的一对零、极点通常是不能消去的。这是因为，由本段高阶系统瞬态响应的特点可知，这一对零、极点各自对瞬态分量的贡献都很大；由于数学模型不可避免的误差，它们实际上也许不太符合对消的条件，这时，对消带来的误差将给结论带来本质性的影响。至于不稳定的极点，就更不允许对消了。

### 6.3.5 自动控制系统的稳定性分析

稳定性是设计和分析控制系统首先要考虑的问题。系统在实际使用中，不可避免会受到外界或内部的一些因素的干扰，比如负载改变、能源波动、参数变化等，在干扰的作用下，系统的各个变量将会偏离原来的工作状态。不稳定的系统不能重新恢复到原来的平衡状态上来，而是随时间的推移而发散。因此，不稳定的系统是无法正常工作的。系统能够实际应用的首要条件就是稳定，经典控制理论判断线性定常系统的稳定性提供了多种方法。

（1）线性系统稳定的必要条件

设线性定常系统处于某一平衡状态，若此系统在干扰的作用下偏离了原来的平衡状态，当干扰作用消失后，系统能否回到原来的平衡状态，这就是系统的稳定性问题。如果系统在扰动作用消失后，能够恢复到原平衡状态，即系统的零输入响应是收敛的，则系统为稳定的。相反，若系统不能恢复到原平衡状态，或系统的零输入响应是发散的，则系统为不稳定的。

图 6-32（a）所示的系统，小球在最低点处于平衡状态，当受到外力作用小球会偏离最

低点,在外力消失后,小球经一段时间左右运动后,最后将回到平衡点,所以该系统是稳定的。而图 6-32(b)所示的系统,当球受力偏离最高点时将会越滚越远,不会返回原先的平衡位置,所以系统是不稳定的。

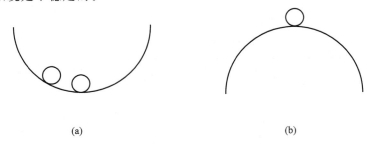

图 6-32 系统稳定性示意图

综上所述,如果线性系统受到扰动的作用而使输出量 $x_o(t)$ 发生偏差,产生 $\Delta x_o(t)$。扰动消失后,经过足够长的时间,该偏差的绝对值能小于一给定的正值 $\varepsilon(\varepsilon \to 0)$,即

$$\lim_{t \to \infty} |\Delta x_o(t)| \leqslant \varepsilon \tag{6-60}$$

则系统是稳定的;否则系统是不稳定的。

如果线性定常系统受到扰动的作用,偏离了原来的平衡状态,而当扰动消失后,系统又能够逐渐恢复到原来的平衡状态,则称该系统是渐进稳定的(简称为稳定)。否则,称该系统是不稳定的。

系统的稳定性反映在干扰消失后过渡过程的性质上。在干扰作用下,系统偏离平衡点产生的偏差称为系统的初始偏差。干扰消失后,系统通过自身调节可以重新回到初始平衡点,这就是稳定的系统。稳定性取决于系统的结构和参数,是系统的一种固有特性,与干扰信号无关。系统是否稳定决定于在瞬时干扰消失以后暂态分量的衰减与否。根据上一节的内容,暂态分量的变化过程与系统闭环极点在 [s] 平面的分布有关。若所有的闭环极点都分布在 [s] 平面的左侧,则系统的暂态分量呈衰减的变化趋势,系统稳定;若共轭极点分布在虚轴上,则系统的暂态分量做简谐振荡,系统临界稳定;若有闭环极点分布在 [s] 平面的右侧,系统中有发散的分量,系统不稳定。

综上所述,线性定常系统稳定的充分必要条件是闭环系统特征方程的所有根都具有负实部,或者说闭环传递函数的所有极点均位于为 [s] 平面的左半部分。

(2) 劳斯判据

劳斯判据是根据系统特征方程式的各项系数进行代数运算,得出全部根具有负实部的条件,从而判断系统的稳定性。因此这种稳定判据又称代数稳定判据。

① 劳斯阵列  闭环控制系统的特征方程标准形式为

$$D(s) = a_n s^n + a_{n-1} s^{n-1} + a_{n-2} s^{n-2} + \cdots + a_1 s + a_0 = 0 \tag{6-61}$$

根据特征方程的各项系数建立劳斯阵列,即

$$D(s) = a_n s^n + a_{n-1} s^{n-1} + a_{n-2} s^{n-2} + \cdots + a_1 s + a_0 = 0$$

| | | | | | |
|---|---|---|---|---|---|
| $s^n$ | $a_n$ | $a_{n-2}$ | $a_{n-4}$ | $a_{n-6}$ | $\cdots$ |
| $s^{n-1}$ | $a_{n-1}$ | $a_{n-3}$ | $a_{n-5}$ | $a_{n-7}$ | $\cdots$ |
| $s^{n-2}$ | $b_1$ | $b_2$ | $b_3$ | $b_4$ | $\cdots$ |
| $s^{n-3}$ | $c_1$ | $c_2$ | $c_3$ | $c_4$ | $\cdots$ |

|  | ... | ... | ... | ... | ... | ... |
|---|---|---|---|---|---|---|
| $s^2$ | $d_1$ | $d_2$ | | | | |
| $s^1$ | $e_1$ | $e_2$ | | | | |
| $s^0$ | $f_1$ | | | | | |

式中，系数 $b_1$、$b_2$、$b_3$、$b_4$ 的值按照上面两行系数计算求得

$$b_1 = \frac{a_{n-1}a_{n-2} - a_n a_{n-3}}{a_{n-1}}; \quad b_2 = \frac{a_{n-1}a_{n-4} - a_n a_{n-5}}{a_{n-1}}; \quad b_3 = \frac{a_{n-1}a_{n-6} - a_n a_{n-7}}{a_{n-1}}; \quad \cdots$$

按照上式依次计算，直到其余的 $b$ 值全部等于零为止，根据相同的方法计算 $c$、…、$d$、$e$、$f$ 等各行的系数。

$$c_1 = \frac{b_1 a_{n-3} - b_2 a_{n-1}}{b_1}; \quad c_2 = \frac{b_1 a_{n-5} - b_3 a_{n-1}}{b_1}; \quad c_3 = \frac{b_1 a_{n-7} - b_4 a_{n-1}}{b_1}; \quad \cdots$$

$$d_1 = \frac{c_1 b_2 - b_1 c_2}{c_1}; \quad d_2 = \frac{c_1 b_3 - b_1 c_3}{c_1}; \quad \cdots$$

将每一行的所有系数通过公式进行计算，直到计算到最后一行为止。最后一行仅第 1 列有值，劳斯阵列为倒三角形式。注意，在劳斯阵列中，为了简化数值计算，可用某一正整数去乘或除某一行，而不改变稳定性判据的结论。

② 劳斯判据判定系统稳定性的条件　系统稳定的必要条件：系统特征方程的各项系数都不等于零，且各项系数具有相同的符号。系统稳定的充分条件：劳斯阵列中第一列所有值均为正。

若劳斯阵列第一列元素出现小于零的数值，则系统不稳定，系统存在正实部的特征根，劳斯阵列中第 1 列各系数符号改变的次数就等于特征方程具有正实部特征根的个数，即闭环极点位于 $[s]$ 平面右半部分的个数。

**例 6-8**　已知系统的特征方程为 $D(s) = s^4 + 2s^3 + 2s^2 + 4s + 1 = 0$，试用劳斯判据判断系统的稳定性。

**解**　劳斯判据的必要条件满足。

劳斯阵列为

| $s^4$ | 1 | 2 | 1 |
|---|---|---|---|
| $s^3$ | 2 | 4 | |
| $s^2$ | $0 \rightarrow \varepsilon$ | 1 | |
| $s^1$ | $\dfrac{4\varepsilon - 2}{\varepsilon} \rightarrow \infty$ | | |
| $s^0$ | 1 | | |

① 由劳斯阵列表可见，第一列元素的符号改变了两次，因此系统不稳定，说明特征方程具有两个正实部的特征根。

② 劳斯阵列某一行的所有元素均为零的情况

这种情况说明特征方程中有一些大小相等且对称于原点的特征根，即存在两个符号相反但绝对值相同的实根；或存在一对共轭虚根；或上述两种情况都存在；或存在实部符号相反、虚部相同的两对共轭复数根。

在劳斯阵列中出现这种情况，可利用全零行的上一行元素构建一个辅助方程，辅助方

的最高次数通常是偶数，表示特征根中出现数值相同但符号相反的根的个数。将辅助方程对 $s$ 求导，得到一个新方程，用新方程的系数取代全零行的元素，继续进行运算，建立完整的劳斯阵列。数值相同但符号相反的特征根可通过辅助方程求得。

### 6.3.6 自动控制系统的误差分析

对一个控制系统的要求是稳定、准确、快速。误差问题即是控制系统的准确度问题。控制系统在输入信号的作用下，其响应输出被分为瞬态过程和稳态过程这两个阶段。瞬态过程反映控制系统的动态响应性能，主要体现在系统对输入信号的响应速度和系统的稳定性这两个方面。对于稳定的系统，它随着时间的推移将逐渐消失；稳态过程反映控制系统的稳态响应性能，它主要表现在系统跟踪输入信号的准确度或抑制干扰信号的能力上。

控制系统的误差主要是指系统的稳态输出误差，也称为稳态误差，它是评价控制系统稳态性能的主要指标。一般地，控制系统的稳态误差始终存在于系统的稳态响应过程之中，它分动态误差和静态误差两类。动态误差是随时间变化的一种过程量，它反映了稳态误差的变化规律；而静态误差是一种极值量，它往往要求小于某个规定的容许数值。只有在静态误差处于某容许数值的范围内时，考虑系统的动态误差才有实际的意义。

对于一个实际的控制系统，由于系统的结构、输入作用的类型、输入函数的形式不同，控制系统的稳态输出不可能在任何情况下都与输入量一致或相当，也不可能在任何形式的扰动作用下都能准确地恢复到原平衡位置。这类由于系统结构、输入作用形式和类型所产生的稳态误差称为原理性稳态误差。此外，控制系统中不可避免地存在摩擦、间隙、不灵敏区等非线性因素，都会造成附加的稳态误差。这类由于非线性因素所引起的系统稳态误差称为结构性稳态误差，如机电控制系统中元件的不完善，放大器的零点漂移、元件老化或变质等。本章只讨论原理性稳态误差，不讨论结构性稳态误差。

（1）系统的误差与偏差

控制系统的方块图如图 6-33 所示。$X(s)$ 为参考输入信号，$F(s)$ 为干扰输入信号，$y_r(t)$ 是系统输出量的期望值，$y(t)$ 是系统实际的输出量，$B(s)$ 是系统的反馈信号，$H(s)$ 是系统反馈通道传递函数。

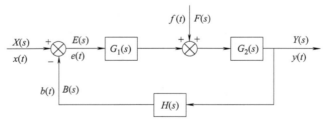

图 6-33 控制系统方块图

系统的误差 $e(t)$ 为期望输出与实际输出的差值。即

误差值＝期望值－实际值

① 从输出端定义误差 一般指控制系统输出的期望值与实际值的差。即

$$e_{出}(t)=y_r(t)-y(t)$$
$$E_{出}(s)=Y_r(s)-Y(s)$$

② 从输入端定义误差 一般指控制系统的参考输入信号与反馈信号的差值，为了区别

输出端的误差,将输入端定义的误差称为偏差。即

$$e_入(t)=x(t)-b(t)$$

$$E_入(s)=X(s)-B(s)$$

系统的输入端误差是

$$\begin{aligned}E_入(s)&=X(s)-H(s)Y(s)\\&=X(s)-H(s)\frac{G(s)}{1+G(s)H(s)}X(s)=\frac{1}{1+G(s)H(s)}X(s)\\&=\phi_e(s)X(s)\end{aligned}$$

式中,$G(s)=G_1(s)G_2(s)$;$\phi_e(s)=\dfrac{1}{1+G(s)H(s)}$为系统误差的传递函数。

$Y_r(s)$是系统期望的输出信号,对于反馈控制系统,当系统的偏差量 $\varepsilon(s)=0$ 时,即系统的反馈信号与输入信号无偏差,输出信号为期望输出。即

$$X(s)=Y_r(s)H(s)=0$$

则

$$Y_r(s)=\frac{X(s)}{H(s)}$$

则输出端误差

$$\begin{aligned}E_出(s)&=Y_r(s)-Y(s)=\frac{X(s)}{H(s)}-\frac{G(s)}{1+G(s)H(s)}X(s)\\&=\frac{G(s)}{1+G(s)H(s)}\cdot\frac{1}{H(s)}X(s)=\frac{1}{H(s)}E_入(s)\end{aligned}$$

因此,系统输出端误差与输入端误差的关系为

$$E_出(s)=\frac{1}{H(s)}E_入(s)$$

系统的输出端误差与输入端误差并不相同,具有不同的物理量,当 $H(s)$ 为常数时,两个误差信号成简单的比例关系。从输入端定义的误差在实际系统中可以测量,具有物理意义。而从输出端定义的误差经常用于系统性能指标的要求,实际中有时无法测量,只具有数学意义,因此本章中除非特殊说明,否则均指输入端定义的误差。

(2) 稳态误差

误差是时间函数,其时域表达式为

$$e(t)=L^{-1}[E(s)]=L^{-1}[\phi_e(s)X(s)]$$

系统的误差包含暂态分量 $e_{st}(t)$ 和稳态分量 $e_{ss}(t)$ 两部分,即 $e(t)=e_{st}(t)+e_{ss}(t)$。暂态误差反映了系统的暂态性能,当时间趋于无穷时,暂态误差趋于零,不影响稳定值。稳态误差是指在系统稳定后,期望输出值与实际输出值之间的差。稳态误差与系统的结构参数以及输入信号有密切关系。

参考输入 $X(s)$ 和干扰输入 $F(s)$ 同时作用于系统,产生的误差值可通过叠加原理求得。

① 阶跃信号作用下的稳态误差 设系统的输入信号 $r(t)=R\cdot 1(t)$,其中 $R$ 为阶跃信号的幅值。在随动系统中一般称阶跃信号为位置信号,系统在阶跃信号作用下的稳态误差为

$$e_{ss}(\infty) = \lim_{s \to 0} s\phi_e(s)R(s)$$

$$= \lim_{s \to 0} s \cdot \frac{1}{1+G(s)H(s)} \frac{R}{s}$$

$$= \lim_{s \to 0} \frac{R}{1+\lim_{s \to 0}[G(s)H(s)]} = \frac{R}{1+K_P} \tag{6-62}$$

其中

$$K_P = \lim_{s \to 0} G(s)H(s)$$

$K_P$ 称为系统的静态位置误差系数。

对于 0 型系统

$$K_P = \lim_{s \to 0} G(s)H(s) = \lim_{s \to 0} \frac{K}{s^0} G_0(s)H_0(s) = K$$

$$e_{ss}(\infty) = \frac{R}{1+K} \tag{6-63}$$

对于 I 型或高于 I 型系统

$$K_P = \lim_{s \to 0} G(s)H(s) = \lim_{s \to 0} \frac{K}{s^v} G_0(s)H_0(s) = \infty \quad (v \geqslant 1)$$

$$e_{ss}(\infty) = \frac{R}{1+K_P} = 0 \tag{6-64}$$

在阶跃信号作用下 0 型系统的稳态误差为非零的常数。要使系统在阶跃信号作用下稳态误差为零,则必须选用 I 型或高于 I 型的系统,通常把系统在阶跃信号作用下的误差称为静差。

其他典型输入信号响应的误差分析步骤与上述相似,现各种情况可归结为表 6-5 所示的结果。

表 6-5 不同类型系统的静态误差系数及在不同输入信号作用下的静态误差

| 系统类型 | 位置静态误差系数 $K_P$ | 速度静态误差系数 $K_v$ | 加速度静态误差系数 $K_a$ | 不同输入时的静态误差 $\varepsilon_s$ | | |
|---|---|---|---|---|---|---|
| | | | | 阶跃输入 | 斜坡输入 | 抛物线输入 |
| 0 | $K$ | 0 | 0 | $\dfrac{U}{1+K}$ | $\infty$ | $\infty$ |
| I | $\infty$ | $K$ | 0 | 0 | $\dfrac{U}{K}$ | $\infty$ |
| II | $\infty$ | $\infty$ | $K$ | 0 | 0 | $\dfrac{2U}{K}$ |
| III 及以上 | $\infty$ | $\infty$ | $\infty$ | 0 | 0 | 0 |

② 干扰作用下的稳态误差 控制系统在工作过程中不可避免存在干扰信号的作用。在控制系统受到扰动时,也会产生由干扰信号引起的稳态误差。系统在干扰作用下的稳态误差反映了系统抗干扰的能力。

现讨论系统在干扰信号 $f(t)$ 作用下的稳态误差。按线性系统叠加原理,假定参考输入 $X(s)=0$,仅考虑干扰输入的作用。系统在干扰作用下的输出为

$$E_f(s) = -\frac{G_2(s)H(s)}{1+G_1(s)G_2(s)H(s)}F(s) = \phi_{EF}(s)F(s)$$

式中，$\phi_{EF}(s)$ 为误差信号 $E(s)$ 对干扰输入 $F(s)$ 的传递函数。

当开环传递函数 $G(s) = G_1(s)G_2(s)H(s) \gg 1$ 时，上式可近似为

$$E_f(s) = -\frac{F(s)}{G_1(s)}$$

假定 $G_1(s) = \dfrac{K_1(\tau_1 s+1)\cdots}{s^v(T_1 s+1)\cdots}$，则干扰作用下的稳态误差为

$$e_{ssf}(\infty) = \lim_{s \to 0} sE_f(s) = \lim_{s \to 0} s\frac{F(s)}{G_1(s)} = \lim_{s \to 0} s^{v+1}\frac{F(s)}{K_1} \tag{6-65}$$

根据上式可见，当开环传递函数 $G(s) \gg 1$ 时，干扰作用下的稳态误差不仅取决于干扰输入的形式，而且与干扰作用点前的传递函数 $G_1(s)$ 的积分环节次数 $v_1$ 和放大倍数 $K_1$ 有关。

（3）减少或消除稳态误差的方法

为了减少或消除系统在输入和扰动信号作用下的稳态误差，可采用以下措施。

① 增大开环增益或干扰作用点之前系统的前向通道增益　增大开环放大倍数可有效减小稳态误差。增大开环增益，可以减小 0 型系统在阶跃信号作用下的位置误差，减小 Ⅰ 型系统在速度信号作用下的速度误差，减小 Ⅱ 型系统在加速度信号作用下的加速度误差。但是增大开环增益，只是减少输入信号作用下的稳态误差的数值，却不能改变稳态误差的性质。增大扰动作用点之前的增益，可减小系统对阶跃信号的稳态误差；系统在阶跃信号作用下的稳态误差与扰动点之后的系统的前向通道增益无关。

适当增加开环增益可以减少稳态误差，但也会影响系统的稳定性和动态性能，因此，必须在保证系统稳定和满足动态性能指标的前提下，采用增大开环增益的方法来减少系统的稳态误差。

② 在系统前向通道或主反馈通道中增加串联积分环节　控制系统的开环传递函数中，增加积分环节可以提高系统的型别，改变稳态误差的性质，可有效减少稳态误差。在扰动信号作用点之前增加串联积分环节，可以提高扰动信号的稳态误差的型别，可使阶跃干扰信号作用下的稳态误差由常数变为零。但在扰动信号作用点之后增加积分环节，对扰动信号作用的稳态误差没有影响。

在系统中增加串联积分环节，会影响系统的稳定性和动态性能，因此在保证系统动态性能的前提下，可增加串联积分环节。

③ 复合控制　以上两种方法有一定的局限性，为了进一步减小系统稳态误差，可采用补偿的方法，即指作用在被控对象上的控制信号中，除偏差信号外，另外引入补偿信号，以提高系统的控制精度。这种控制方法称为复合控制。复合控制系统是在系统的反馈控制的基础上加入前（顺）馈补偿环节，组成由前（顺）馈控制和反馈控制相结合的复合控制系统。只要复合控制中参数选择合理，就可以保证系统的稳定性，还可以减小甚至消除系统的稳态误差。

（4）减小系统误差的途径

① 反馈通道的精度对于减小系统误差是至关重要的，反馈通道元部件的精度要高，避免在反馈通道引入干扰。

② 在保证系统稳定的前提下，对于输入引起的误差，可通过增大系统开环放大倍数和提高系统型次减小之；对于干扰引起的误差，可通过在系统前向通道干扰点前加积分器和增大放大倍数减小之。

③ 对于既要求稳态误差小，又要求良好的动态性能的系统，单靠加大开环放大倍数或串入积分环节往往不能同时满足要求，这时可采用复合控制的方法，或称顺馈的办法来对误差进行补偿。补偿的方式可分成按干扰补偿和按输入补偿两种。

顺馈又称前馈，它是从系统输入端，通过设置顺馈通道而引进顺馈信号，将之加到系统某个中间环节，以补偿扰动信号对系统输出的影响，或减小系统响应控制信号的误差。顺馈的缺点是在使用时需要对系统有精确的了解，只有了解了系统模型才能有针对性给出预测补偿。但在实际工程中，并不是所有的对象都是可得到精确模型的，而且大多数控制对象在运行的同时自身的结构也在发生变化。所以仅用顺馈并不能达到良好的控制品质。

这时就需要加入反馈，反馈的特点是根据偏差来决定控制输入，不管对象的模型如何，也不管外界的干扰如何，只要有偏差，就根据偏差进行纠正，可以有效消除稳态误差。解决顺馈不能控制的不可测干扰。

① 按干扰补偿　当干扰直接可测量时，那么可利用这个信息进行补偿。系统结构如图 6-34 所示。$G_n(s)$ 为补偿器的传递函数。

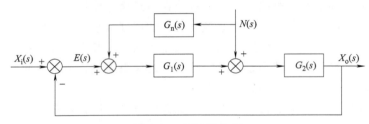

图 6-34　按干扰补偿

输出对干扰的闭环传递函数为

$$\frac{X_o(s)}{N(s)} = \frac{G_2(s) + G_n(s)G_1(s)G_2(s)}{1 + G_1(s)G_2(s)}$$

令

$$G_2(s) + G_n(s)G_1(s)G_2(s) = 0$$

则干扰对输出的影响可消除，得到对于干扰全补偿的条件为

$$G_n(s) = -\frac{1}{G_1(s)}$$

从结构图可看出，实际上是利用双通道原理使扰动信号经两条通道到达相加点时正好大小相等，方向相反，从而实现了干扰的全补偿。但在实际的系统中，有时 $G_n(s)$ 是难以实现的。因为一般物理系统的传递函数分母的阶数总比分子的阶数高。一般采取近似的补偿，以减小给定或扰动引起的稳态误差。

② 按输入补偿　如图 6-35 所示，按下面推导 $G_r(s)$，确定使系统满足输入信号作用，误差得到全补偿，即应用顺馈控制实现输出信号对输入信号的完全复现。

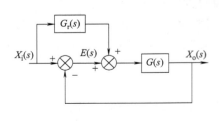

图 6-35　按输入补偿

为使 $E(s)=0$，应保证 $1-G_r(s)G(s)=0$，即

$$G_r(s)=\frac{1}{G(s)}$$

从上面分析可以看出，按输入补偿的办法，实际上相当于将输入信号先经过一个环节，进行一个"整形"，然后再加给系统回路，使系统既能满足动态性能的要求，又能保证高稳态精度。

## 6.4 自动控制系统的频域分析

### 6.4.1 频率特性的基本概念

(1) 频率特性概念

频率特性是系统对不同频率正弦输入信号的响应特性。频率特性分析法（频域法）是利用系统的频率特性来分析系统性能的方法，研究的问题仍然是系统的稳定性、快速性和准确性等，是工程上广为采用的控制系统分析和综合的方法。除了电路与频率特性有着密切关系外，在机械工程中机械振动与频率特性也有着密切的关系。

(2) 频率响应

频率响应是指系统或元件对正弦输入信号的稳态响应。即线性系统输出稳定后输出量的振幅和相位随输入正弦信号的频率变化而有规律地变化。

线性系统对输入谐波信号的稳态响应，称为系统的频率响应。谐波信号实际上是一种三角函数信号，一般表示为

$$x_i(t)=|x_i(t)|e^{j\varphi_i(\omega)}=A_i e^{j\omega t} \text{ 或 } X_i(s)=\frac{A_i}{s-j\omega} \tag{6-66}$$

式中，$A_i$、$\omega$ 为谐波信号的幅值和频率；$j=\sqrt{-1}$。

现在，设线性系统的传递函数模型为

$$G(s)=\frac{X_o(s)}{X_i(s)}=\frac{b_m s^m+\cdots+b_1 s+b_0}{a_n s^n+a_{n-1}s^{n-1}+\cdots+a_1 s+a_0}$$

那么，对于输入谐波信号 $x_i(t)$，系统的输出就为

$$X_o(s)=G(s)X_i(s)=G(s)\frac{A_i}{s-j\omega}$$

取传递函数 $G(s)$ 具有不相同的实数极点，记为 $p_i$，$i=1, 2, \cdots, n$。那么，系统输出的表达式又可写为

$$X_o(s)=\sum_{i=1}^{n}\frac{k_i}{s-p_i}+\frac{A_i}{s-j\omega}$$

式中，$k_i$、$A$ 是系统输出 $X_o(s)$ 在其极点 $p_i$ 和 $j\omega$ 上的留数（待定常数），为

$$k_i=X_o(s)(s-p_i)|_{s=p_i}$$

$$A=X_o(s)(s-j\omega)|_{s=j\omega}=A_i G(j\omega)$$

因此，按拉普拉斯反变换，就可解得系统对于输入谐波信号的时间响应为

$$x_\text{o}(t)=\sum_{i=1}^{n}k_i\text{e}^{p_it}+A_iG(\text{j}\omega)\text{e}^{\text{j}\omega t}$$

在稳态情况下，即 $t\to\infty$ 时，上式就为

$$x_\text{o}(t)=A_iG(\text{j}\omega)\text{e}^{\text{j}\omega t}$$

可见，线性系统在谐波信号输入作用下的稳态响应也是一谐波信号，其频率与输入谐波信号的频率相同。这种随输入谐波信号频率变化而发生相同频率变化的输出响应，就是系统的频率响应。

（3）频率特性的性质和特点

系统频率特性与系统的传递函数一样，可唯一地确定系统的性能，因此只需对系统的频率特性进行分析，即可得到系统的相关性能。频率特性具有以下性质：

① 频率分析方法就是通过分析频率特性 $G(\text{j}\omega)$ 的两大要素 $A(\omega)$、$\varphi(\omega)$ 与输入信号频率 $\omega$ 的关系，来建立系统的结构参数与系统性能的关系。幅频特性和相频特性是系统的固有特性，与外界因素无关；

② 频率特性具有明确的物理意义，可通过微分方程或传递函数求得，也可以通过实验方法来确定，这对于一些难以列写微分方程式的系统来说，具有很重要的实际意义；

③ 频率特性随频率变化，是因为系统中含有储能元件，它们在进行能量交换时，对不同的信号使系统有不同的特性；

④ 频率分析方法不仅可以用于线形定常系统，而且也适用于传递函数中含有延迟环节的系统以及一些非线性系统。

系统的频率特性就是单位脉冲响应函数的 Fourier 变换，即频谱。所以，对频率特性的分析就是对单位脉冲响应函数的频谱分析。对系统进行频谱分析具有以下特点：

① 频率特性分析通过分析不同的谐波输入时系统的稳态响应，以获得系统的动态特性。

② 根据频率特性，可以较方便地判别系统的稳定性和稳定性储备。

③ 通过频率特性进行参数选择或对系统进行校正，选择系统工作的频率范围，或者根据系统工作的频率范围，设计具有合适的频率特性的系统，使系统尽可能达到预期的性能指标。

（4）频率特性的求法

系统的频率特性可通过以下三种方法求得，一般较常用的是后两种。

① 已知系统方程，输入正弦函数求其稳态解，取输出稳态分量和输入正弦的复数比；

② 根据传递函数来求取；

③ 通过实验测得。

另外由于频率特性、传递函数及微分方程都表征了系统的内在规律，所以可以进行变换得到相应的表达式。三者间的关系可以图 6-36 来表示。

（5）频率特性的图示方法

用图形能直观地表示频率特性 $G(\text{j}\omega)$ 的幅值与相位随频率 $\omega$ 变化的情况。频率特性可以用三种常用的图示法来表达。

① 幅相频率特性曲线，即奈奎斯特图（Nyquist）图，简称奈氏图。奈氏图是在一张极坐标图上表示当

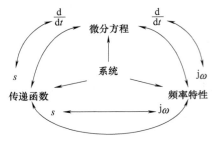

图 6-36　频率特性、传递函数及微分方程的关系

频率 $\omega$ 从 $0\to\infty$ 变化时，系统频率特性的矢量端点的轨迹曲线。

② 对数频率特性曲线，即伯德（Bode）图。伯德（Bode）图是在两张图上分别表示对数幅频特性和相频特性随频率 $\omega$ 的变化规律。

③ 对数幅相频率特性曲线，即尼柯尔斯（Nichocls）图，一般用于闭环系统频率特性的分析。

### 6.4.2 开环幅相频率特性曲线的绘制

(1) 幅相频率特性图的基本概念

在复平面上，当 $\omega$ 由 $0\to\infty$ 变化时，频率特性 $G(j\omega)$ $H(j\omega)$ 矢量端点的轨迹称为幅相频率特性图，即奈奎斯特（Nyquist）图，通常又称为极坐标图，简称奈氏图。

幅相频率特性图的优点是可以在一张图上描绘出整个频域的频率特性，可以比较容易地对系统进行定性分析。但缺点是不能明显地表示出开环传递函数中每个环节对系统的影响和作用。

对于给定的 $\omega$，$G(j\omega)$ 可以用一矢量或其端点坐标来表示，矢量长度为其幅值 $|G(j\omega)|$，与正实轴的夹角为其相位 $\varphi(\omega)$，在实轴和虚轴上的投影分别为其实部 $Re[G(j\omega)]$ 和虚部 $Im[G(j\omega)]$。

相位 $\varphi(\omega)$ 的符号规定为：从正实轴开始，逆时针方向旋转为正，顺时针方向旋转为负。当 $\omega$ 从 $0\to\infty$ 时，$G(j\omega)$ 端点的轨迹即为频率特性的极坐标图，或称为 Nyquist 图，如图 6-37 所示。它不仅表示幅频特性和相频特性，而且也表示实频特性和虚频特性。图中 $\omega$ 的箭头方向为 $\omega$ 从小到大的方向。

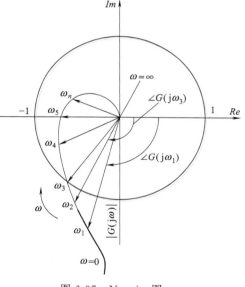

图 6-37 Nyquist 图

(2) 典型环节的幅相频率特性

① 比例环节  比例环节的传递函数为 $G(s)=k$，把传递函数中的 $s$ 用 $j\omega$ 代替（解析法）得其频率特性为

$$G(j\omega)=k$$

则幅频特性为

$$|G(j\omega)|=k$$

相频特性为

$$\angle G(j\omega)=0°$$

可见，比例环节的幅频特性与相频特性都是与角频率 $\omega$ 无关的常量，其幅相频率特性如图 6-38 所示。

② 积分环节和微分环节  积分环节的传递函数为 $G(s)=\dfrac{1}{s}$，把传递函数中的 $s$ 用 $j\omega$ 代替（解析法）得其频率特性为

$$G(j\omega)=\dfrac{1}{j\omega}=\dfrac{1}{\omega}e^{-j\frac{\pi}{2}}$$

则幅频特性为

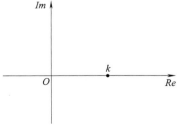

图 6-38 比例环节的幅相频率特性图

$$|G(j\omega)|=\frac{1}{\omega}$$

相频特性为

$$\angle G(j\omega)=-\frac{\pi}{2}=-90°$$

可见，对于积分环节，当频率 $\omega$ 由零变化到无穷大（$0\to\infty$）时，其幅值由无穷大衰减到零（$\infty\to 0$）；其相频特性与频率取值无关，等于常值 $-90°$。因此，其幅相频率特性图为负虚轴，如图 6-39（a）所示。

微分环节的传递函数为 $G(s)=s$，把传递函数中的 $s$ 用 $j\omega$ 代替（解析法）得频率特性为

$$G(j\omega)=j\omega=\omega e^{-j\frac{\pi}{2}}$$

则幅频特性为

$$|G(j\omega)|=\omega$$

相频特性为

$$\angle G(j\omega)=\frac{\pi}{2}=90°$$

可见，对于微分环节，当频率 $\omega$ 由零变化到无穷大（$0\to\infty$）时，其幅值由零增加到无穷大（$0\to\infty$）；其相频特性与频率取值无关，等于常值 $90°$。因此，其幅相频率特性图为正虚轴，如图 6-39（b）所示。

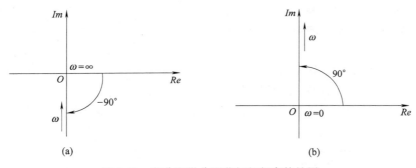

图 6-39 积分和微分环节幅相频率特性图

③ 惯性环节　惯性环节的传递函数为 $G(s)=\dfrac{1}{Ts+1}$，其频率特性为

$$G(j\omega)=\frac{1}{jT\omega+1}=\frac{1}{1+T^2\omega^2}-j\frac{T\omega}{1+T^2\omega^2}$$

则幅频特性为

$$|G(j\omega)|=\frac{1}{\sqrt{1+T^2\omega^2}}$$

相频特性为

$$\angle G(j\omega)=-\tan^{-1}T\omega$$

实频特性为 $u(\omega)=\dfrac{1}{1+T^2\omega^2}$，虚频特性为 $v(\omega)=\dfrac{-T\omega}{1+T^2\omega^2}$。由此有

当 $\omega=0$ 时，$|G(j\omega)|=1$，$\angle G(j\omega)=0°$；

当 $\omega=1/T$ 时，$|G(j\omega)|=1/\sqrt{2}$，$\angle G(j\omega)=-45°$；

当 $\omega=\infty$ 时，$|G(j\omega)|=0$，$\angle G(j\omega)=-90°$。

可以证明，对于惯性环节，当 $\omega$ 由零变化到无穷大 ($0\to\infty$) 时，其 Nyquist 曲线为图 6-40 所示的一个半圆，圆心为 $(0.5, j0)$，半径为 0.5。从图可以看出，惯性环节频率特性的幅值随着频率 $\omega$ 的增大而减小，因而具有低通滤波的性能。它存在相位滞后且滞后相位随频率的增大而增大，最大相位滞后为 $90°$。

④ 振荡环节 振荡环节的传递函数为

$$G(s)=\frac{\omega_n^2}{s^2+2\xi\omega_n s+\omega_n^2}=\frac{1}{T^2 s^2+2\xi Ts+1} \quad (0\leq\xi<1)$$

式中，$T$ 为振荡环节的时间常数，$\xi$ 为振荡环节的阻尼比。其频率特性为

$$G(j\omega)=\frac{1}{T^2(j\omega)^2+2\xi Tj\omega+1}=\frac{1}{1-T^2\omega^2+j2T\xi\omega}$$

$$=\frac{1-T^2\omega^2}{(1-T^2\omega^2)^2+(2\xi T\omega)^2}-j\frac{2\xi T\omega}{(1-T^2\omega^2)^2+(2\xi T\omega)^2}$$

$$=\frac{1}{\sqrt{(1-T^2\omega^2)^2+(2\xi T\omega)^2}}e^{-j\tan^{-1}\frac{2\xi T\omega}{1-T^2\omega^2}}$$

则幅频特性为

$$|G(j\omega)|=\frac{1}{\sqrt{(1-T^2\omega^2)^2+(2\xi T\omega)^2}}$$

相频特性为

$$\angle G(j\omega)=-\arctan\frac{2\xi T\omega}{1-T^2\omega^2}$$

可见，当 $\omega$ 由零变化到无穷大 ($0\to\infty$) 时，振荡环节的幅频特性由 1 变到 0；相频特性由 $0°$ 变到 $-180°$。因此，振荡环节频率特性的高频部分与负实轴相切，其幅相频率特性图如图 6-41 所示。

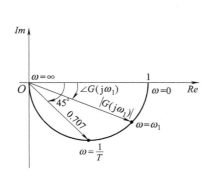

图 6-40 惯性环节的幅相频率特性图

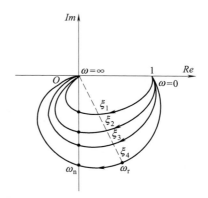

图 6-41 振荡环节的幅相频率特性图

解释如下：

① 幅相频率特性图的准确形式与阻尼比 $\xi$ 有关，但是无论对欠阻尼 ($\xi<1$) 系统还是

对过阻尼($\xi>1$)系统,其图形大致相同;

② 在 $\omega=\omega_n$ 时,其幅值为 $|G(j\omega)|=\dfrac{1}{2\xi}$,相角为 $\angle G(j\omega)=-90°$,所以振荡环节的幅相频率特性轨迹与虚轴的交点处的频率就是无阻尼自振角频率 $\omega_n$;

③ 在幅相频率特性图上,距原点最远的点对应于谐振频率 $\omega_r$,这时,$|G(j\omega)|$ 的峰值 $M_r$ 可用谐振频率 $\omega_r$ 处向量的模求得。换言之,已知振荡环节的幅相频率特性图,怎样来确定谐振频率 $\omega_r$ 和谐振峰值 $M_r$ 呢?用圆规作已知幅相频率特性图的外切圆,得到的切点为谐振频率 $\omega_r$,该点到坐标原点的距离为谐振峰值 $M_r$;

④ 对于过阻尼的情况,即 $\xi>1$ 时,荡环节的幅相频率特性图近似为半圆。这是由于过阻尼一个根比另一个根大很多;对于 $\xi$ 足够大,以致大的一个根对系统所引起的影响足够小,此时系统与一阶系统类似,其幅相频率特性图接近半圆。

**例 6-9** 已知 $G(s)=\dfrac{10}{s(s+1)(s+2)}$,画出系统频率特性的极坐标图。

**解** 令 $s=j\omega$,则计算得

$$G(j\omega)=\dfrac{10}{\omega(2-\omega^2)+9\omega^2}[3\omega+j(2-\omega^2)]$$

则

$$Re(\omega)=-\dfrac{30}{(2-\omega^2)^2+9\omega^2}$$

$$Im(\omega)=-\dfrac{10(2-\omega^2)}{\omega[(2-\omega^2)^2+9\omega^2]}$$

$$A(\omega)=\dfrac{10/\omega}{\sqrt{\omega^4+5\omega^2+4}}$$

$$\varphi(\omega)=\arctan\dfrac{2-\omega^2}{3\omega}$$

于是,当 $\omega$ 取不同的数值时,计算所得的结果如表 6-6 所示。

表 6-6 计算数值

| $\omega$ | 0 | 1.414 | ⋯ | $\infty$ |
|---|---|---|---|---|
| $A(\omega)$ | $\infty$ | 1.66 | ⋯ | 0 |
| $\varphi(\omega)$ | $-90°$ | $-180°$ | ⋯ | ⋯ |
| $Re(\omega)$ | $-7.5$ | $-1.66$ | ⋯ | 0 |
| $Im(\omega)$ | $-\infty$ | 0 | ⋯ | 0 |

依据表 6-6,通过描点法即可画出该系统频率特性的极坐标图,如图 6-42 所示。

在工程应用中,频率特性极坐标图主要是用于分析系统的稳定性,只要有大致的图形就可进行稳定性分析。因此,往往是依据确定的几个特征点,一般为 $\omega=0$,$\infty$ 的点和与虚轴和实轴的交点,即使 $Re(\omega)=0$ 和 $\varphi(\omega)=0$ 的点,大致地描绘频率特性的图形形状。

### 6.4.3 开环对数频率特性曲线的绘制

(1) 对数频率特性图基本概念

频率特性的对数坐标图,又称伯德(Bode)图。对数坐标图是由对数幅频特性图和对数相频特性图两张图组成,分别表示幅频特性和相频特性。对数坐标图的横坐标表示频率 $\omega$,按对数分度,单位是 $s^{-1}$ 或 rad/s,如图 6-43 所示。由图可知,若在横坐标上任意取两点,使其满足 $\frac{\omega_2}{\omega_1}=10$,则两点的距离为 $\lg\frac{\omega_2}{\omega_1}=1$。因此,不论起点如何,只要频率变化 10 倍,在横坐标上线段长度均等于一个单位。即频率 $\omega$ 从任一数值 $\omega_1$ 增加(或减小)到 $\omega_2=10\omega_1$($\omega_2=\omega_1/10$)时的频带宽度在对数坐标上为一个单位,将该频带宽度称为十倍频程,用"dec"表示。注意,为了方便,横坐标虽然是对数分度,但是习惯上其刻度值不标 $\lg\omega$,而是标 $\omega$ 值。

对数幅频特性的纵坐标表示 $G(j\omega)$ 的幅值取以 10 为底的对数,再放大 20 倍,即 $20\lg|G(j\omega)|$,单位是分贝(dB),按线性分度。当 $|G(j\omega)|=1$ 时,其分贝值为零,即 0dB 表示输出幅值等于输入幅值。对数相频特性图的纵坐标表示 $G(j\omega)$ 的相位,单位是度(°),也按线性分度。因此,Bode 图画在半对数坐标纸上,频率采用对数分度,而幅值或相位采用线性分度。

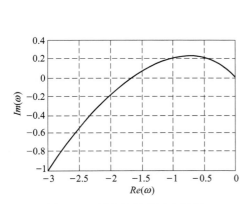

图 6-42 频率特性的极坐标图

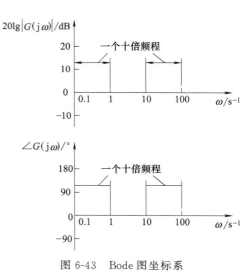

图 6-43 Bode 图坐标系

用 Bode 图表示频率特性有如下优点。

① 可将串联环节幅值的相乘、相除,转化为幅值的相加、相减,可以简化计算与作图过程。

② 可用近似方法作图,先分段用直线作出对数幅频特性的渐近线,再用修正曲线对渐近线进行修正,就可得到较准确的对数幅频特性图,给作图带来很大方便。

③ 可分别作出各个环节的 Bode 图,然后用叠加方法得出系统的 Bode 图,并由此可以看出各个环节对系统总特性的影响。

④ 由于横坐标采用对数分度,所以能把较宽频率范围的图形紧凑的表示出来。可以展宽视野,便于研究细微部分。也能画出系统的低频、中频、高频特性,便于统筹全局。在分

析和研究系统时，其低频特性很重要，而横轴采用对数分度对于突出频率特性的低频段很方便。在应用时，横坐标的起点可根据实际所需的最低频率来决定。

⑤ 若将频率响应数据绘制在对数坐标图上，那么用实验方法来确定传递函数是很简单的。

（2）典型环节的对数频率特性

① 比例环节 比例环节的传递函数为 $G(s)=K$，其特点是输出能够无滞后、无失真地复现输入信号。其频率特性为

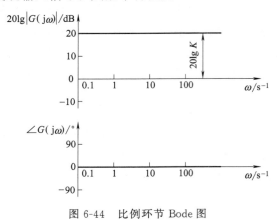

$$G(j\omega)=K$$

对数幅频特性和相频特性分别为

$$\begin{cases} 20\lg|G(j\omega)|=20\lg K \\ \angle G(j\omega)=0° \end{cases}$$

可见，比例环节的对数幅频特性曲线是一条高度为 $20\lg K$ 的水平直线；其对数相频特性曲线是与0°重合的一条直线，如图 6-44 所示（图中 $K=10$）。当 $K$ 值改变时，只是对数幅频特性曲线上下移动，而对数相频特性不变。

图 6-44 比例环节 Bode 图

② 积分环节 积分环节的传递函数为 $G(s)=\dfrac{1}{s}$，其频率特性为 $G(j\omega)=\dfrac{1}{j\omega}=\dfrac{1}{\omega}e^{-j\frac{\pi}{2}}$，其对数幅频特性和相频特性为

$$\begin{cases} 20\lg|G(j\omega)|=20\lg\dfrac{1}{\omega}=-20\lg\omega \\ \angle G(j\omega)=-90° \end{cases}$$

可见，每当频率增大为 10 倍时，对数幅频特性就减小 20dB，因此积分环节的对数幅频特性曲线在整个频率范围内是一条斜率为 $-20$dB/dec 的直线。当 $\omega=1$ 时，$20\lg|G(j\omega)|=0$，即在此频率时，微分环节的对数幅频特性曲线与 0dB 线相交，如图 6-45 所示。积分环节的对数相频特性曲线在整个频率范围内为一条平行于横坐标轴的直线，其坐标为 $-90°$。

③ 微分环节 微分环节的传递函数为 $G(s)=s$，其频率特性为 $G(j\omega)=j\omega=\omega e^{j\frac{\pi}{2}}$，其对数幅频特性和相频特性为

$$\begin{cases} 20\lg|G(j\omega)|=20\lg\omega \\ \angle G(j\omega)=90° \end{cases}$$

可见，每当频率增大为 10 倍时，对数幅频特性就增加 20dB，因此微分环节的对数幅频特性曲线在整个频率范围内是一条斜率为 20dB/dec 的直线。当 $\omega=1$ 时，$20\lg|G(j\omega)|=0$，即在此频率时，微分环节的对数幅频特性曲线与 0dB 线相交，如图 6-46 所示。微分环节的对数相频特性曲线在整个频率范围内为一条平行于横坐标轴的直线，其纵坐标为 90°。

④ 惯性环节 惯性环节的传递函数为 $G(s)=\dfrac{1}{Ts+1}$，其频率特性为

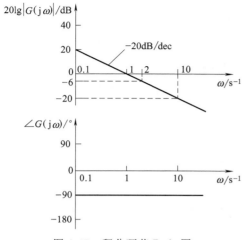

图 6-45　积分环节 Bode 图　　　　　　图 6-46　微分环节 Bode 图

$$G(\omega)=\frac{1}{1+jT\omega}=\frac{1}{\sqrt{1+(T\omega)^2}}e^{-j\arctan T\omega}$$

其对数幅频特性和相频特性为

$$\begin{cases}20\lg|G(j\omega)|=20\lg\dfrac{1}{\sqrt{1+(T\omega)^2}}=-20\lg\sqrt{1+(T\omega)^2} & (a)\\ \angle G(j\omega)=-\arctan T\omega & (b)\end{cases}$$

对于对数幅频特性 $20\lg|G(j\omega)|=-20\lg\sqrt{1+(T\omega)^2}$，当 $\omega\ll 1/T$，即 $T\omega\ll 1$ 时，$(T\omega)^2$ 与 1 相比很小，可以忽略不计。所以有

$$20\lg|G(j\omega)|\approx 20\lg 1=0\text{dB}$$

可以看出惯性环节的对数幅频特性在低频（$\omega\ll 1/T$）时可以近似为 0dB 线，它止于点 $(1/T,0)$。0dB 水平线称为低频渐近线。

当 $\omega\gg 1/T$，即 $T\omega\gg 1$ 时，1 与 $(T\omega)^2$ 相比很小，可以忽略不计。所以有

$$20\lg|G(j\omega)|\approx-20\lg\sqrt{(T\omega)^2}=-20\lg(T\omega)=-20\lg T-20\lg\omega$$

当 $\omega=1/T$ 时，$20\lg|G(j\omega)|=0\text{dB}$。所以惯性环节的对数幅频特性在高频（$\omega\gg 1/T$）时可以近似为一条直线，它始于点 $(1/T,0)$，斜率为 $-20\text{dB/dec}$，此线称为高频渐近线。低频渐近线和高频渐近线的交点为 $\omega=1/T$ 处，称为交接频率或转折频率，记为 $\omega_T$。

图 6-47 为惯性环节的 Bode 图，可以看出，惯性环节有低通滤波器的特性。当输入频率 $\omega>\omega_T$ 时，其输出很快衰减，即滤掉输入信号的高频部分。在低频段，输出能较准确地反映输入。

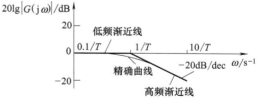

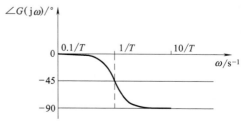

图 6-47　惯性环节 Bode 图

6　自动控制系统分析与设计

（3）系统的 Bode 图的绘制步骤

① 将系统频率特性函数化为由典型环节组成的形式（串联）；
② 列出各典型环节的转角频率及相应斜率，将转角频率从小到大排列；
③ 分别画出各典型环节幅频曲线的渐近折线和相频曲线；
④ 将各环节对数幅频曲线的渐近线进行叠加，得到系统幅频曲线的渐近线，必要时对其进行修正；
⑤ 将各环节相频曲线叠加，得到系统的相频曲线。

**例 6-10** 已知 $G(s)=\dfrac{1.25(s+2)}{s[s^2+0.5s+0.25]}$ 画对数频率曲线。

**解** 把 $G(s)$ 化为标准形式 $G(s)=\dfrac{10\left(\dfrac{1}{2}s+1\right)}{s\left[\left(\dfrac{s}{0.5}\right)^2+2\times 0.5\times\dfrac{s}{0.5}+1\right]}$

$G(s)$ 为 4 个典型环节之组合：

① 比例环节 $G_1(s)=K=10$

② 积分环节 $G_2(s)=\dfrac{1}{s}$

③ 振荡环节 $G_3(s)=1\Big/\left[\left(\dfrac{s}{0.5}\right)^2+2\times 0.5\times\dfrac{s}{0.5}+1\right]$

④ 一阶微分 $G_4(s)=\dfrac{1}{2}s+1$

可分别绘制各个典型环节的对数幅频曲线，累加得系统对数幅频曲线，如图 6-48 所示。

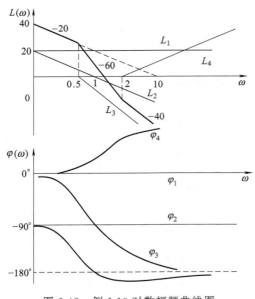

图 6-48 例 6-10 对数幅频曲线图

（4）Bode 图的优点

与 Nyquist 图相比，Bode 图将乘除运算转化为加减运算，因而可通过简单的图像叠加快速绘制高阶系统的伯德图；由于频率轴是对数分度，等距对应频率值等比，纵轴是相对的（$\omega=0$ 的点在 $-\infty$ 远处），可以在较大的频段范围内表示系统频率特性；可以绘制渐近的对数幅频特性；也可以画出精确的对数频率特性；伯德图还可通过实验方法绘制，经分段直线近似整理后，很容易得到实验对象的频率特性表达式或传递函数 $G(s)$。

Nyquist 图与 Bode 图有联系也有区别，典型环节的相应的极坐标图和对数频率特性图如表 6-7 所示。

表 6-7 典型环节的频率特性图

| 序号 | 典型环节及传递函数 | 极坐标图（Nyquist 图） | 对数频率特性图（Bode 图） |
|---|---|---|---|
| 1 | 比例环节 $G(s)=K$ | | |
| 2 | 积分环节 $G(s)=\dfrac{1}{s}$ | | |
| 3 | 一阶微分环节 $G(s)=Ts+1$ | | |
| 4 | 一阶惯性环节 $G(s)=\dfrac{1}{Ts+1}$ | | |
| 5 | 二阶微分环节 $G(s)=T^2s^2+2\xi Ts+1$ $(0\leqslant\xi<1)$ | | |
| 6 | 二阶振荡环节 $G(s)=\dfrac{1}{T^2s^2+2\xi Ts+1}$ $(0\leqslant\xi<1)$ | | |
| 7 | 延迟环节 $G(s)=e^{-Ts}$ | | |

### 6.4.4 频域稳定性分析

(1) 奈奎斯特稳定判据

前面已经指出，闭环控制系统稳定的充分必要条件是特征方程的所有根都具有负实部，即闭环极点都位于 $[s]$ 平面的左半平面。同时介绍了两种判断系统稳定性的代数判据，即 Routh 判据和 Herwitz 判据。它们是根据特征方程根和系数的关系判断系统的稳定性。

这里介绍另一种重要并且使用的方法——Nyquist 稳定判据。它是由 H. Nyquist 于 1932 年提出来的稳定判据，在 1940 年以后得到了广泛的应用。Nyquist 稳定判据所提出的判别闭环系统稳定性的充分必要条件仍然是以特征方程 $1+G(s)H(s)=0$ 的根全部具有负实部为基础的，但它将函数 $1+G(s)H(s)$ 与开环频率特性 $G_k(j\omega)$，即 $G(j\omega)H(j\omega)$ 联系起来，从而将系统特性由复数域引入频域来分析。具体地说，它是通过 $G_k(j\omega)$ 的 Nyquist 图，利用图解法判明闭环系统的稳定性，可以说是一种几何判据。

应用 Nyquist 稳定判据不需要求取闭环系统的特征根，而是先应用分析法或频率特性实验法获得开环频率特性 $G_k(j\omega)$ 曲线，即 $G(j\omega)H(j\omega)$ 曲线，进而分析闭环系统稳定性。这种方法使用较方便，特别是当系统的某些环节的传递函数无法用分析法求得时，可以通过实验法获得这些环节的频率特性曲线或系统的 $G_k(j\omega)$ 曲线。

Nyquist 稳定判据还能指出系统相对稳定性，确定进一步提高和改善系统动态性能（包括稳定性）的途径。若系统不稳定，Nyquist 稳定判据还能像 Routh 判据那样明确系统不稳定的闭环极点的个数，即具有正实部的特征根的个数。

(2) 幅角原理

设复变函数 $F(s)$ 为 $s$ 平面上（除有限个奇异点外）的单值连续正则函数，是关于复变量 $s=\sigma+j\omega$ 的多项式分式，即

$$F(s) = \frac{K(s-z_1)\cdots(s-z_m)}{(s-p_1)\cdots(s-p_n)} e^{-T_d s} \tag{6-67}$$

其中 $-p_i$、$-z_j$ 分别为函数 $F(s)$ 的极点和零点。显然，复变函数 $F(s)$ 实际上就是传递函数表示的一般形式。由于它是一个单值函数，即对于任意给定的 $s$，有一个唯一的函数值 $F(s)$ 与之对应。因此，对于 $s$ 平面上任意一条不穿越其极点 $p_i$ 的封闭曲线 $\Gamma_F$，在 $F(s)$ 平面上就必然有一条封闭曲线 $\Gamma_F$ 与之对应，如图 6-49 所示。$\Gamma_s$ 称为奈奎斯特围线；$\Gamma_F$ 称为 $\Gamma_s$ 关于函数 $F(s)$ 映射的象，称为奈奎斯特曲线（或极坐标曲线）。于是，幅角原理可叙述如下：

幅角原理（Cauchy 定理）：对于上式所表示的复变函数，设 $\Gamma_s$ 是 $s$ 平面上的一条不穿

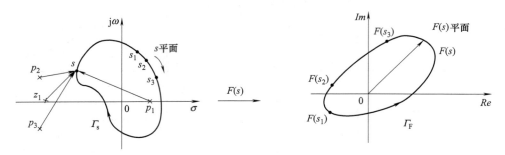

图 6-49 奈奎斯特围线与曲线

越 $F(s)$ 的任意极点和零点的封闭曲线,且在封闭曲线 $\varGamma_s$ 内部包含 $F(s)$ 的极点和零点的个数分别为 $N_p$ 和 $N_z$。则 $\varGamma_s$ 的映射 $\varGamma_F$ 在 $F(s)$ 平面上也是一条封闭曲线,且它包围原点的圈数 $N$ 为

$$N = N_z - N_p$$

若 $N>0$,则包围的方向与封闭曲线 $\varGamma_s$ 的方向一致;$N<0$,则包围的方向与封闭曲线 $\varGamma_s$ 的方向相反;$N=0$,则封闭曲线 $\varGamma_F$ 不包围原点。

可以从图形上对幅角原理做一些说明(这里不作严格的数学证明):在封闭曲线 $\varGamma_s$ 上选择一点 $s$,使 $s$ 从这点开始沿奈奎斯特围线 $\varGamma_s$ 移动一周,那么复变函数 $F(s)$ 在图形上就表现为从点 $F(s)$ 出发沿极坐标曲线 $\varGamma_F$ 移动一周,即造成了相角 $\angle F(s)$ 变化,并考虑 $\mathrm{e}^{-T_d s}$ 转过的角度总为零,则对应相位角 $\angle F(s)$ 为

$$\angle F(s) = \sum_{q=1}^{m} \angle (s-z_q) - \sum_{r=1}^{n} \angle (s-p_r) \tag{6-68}$$

由此可见,对于奈奎斯特围线 $\varGamma_s$ 不包围的那些极点 $p_i$ 和零点 $z_j$,其对应的向量 $s+p_i$ 和 $s+z_j$ 在 $s$ 沿 $\varGamma_s$ 顺时针进一周时,所转过的角度均为零;而对于奈奎斯特围线 $\varGamma_s$ 包围的那些极点 $p_i$ 和零点 $z_j$,其对应的向量 $s+p_k$ 和 $s+z_l$ 在 $s$ 沿 $\varGamma_s$ 行进一周时,所转过的角度就均为 $-2\pi$,所以,根据式 (6-66),极坐标曲线 $\varGamma_F$ 转过的总角度就为 $-2\pi(N_z-N_p)$,即式 (6-66) 成立。

如果规规定顺时针方向为封闭曲线的正方向,即封闭曲线包围的部分总处于沿封闭曲线正方向行进的右侧。那么,对于图 6-50 所示的例子,在奈奎斯特围线 $\varGamma_s$ 内包围有一个极点,外部有两个极点和一个零点,按照上述幅角原理就得 $N=-1$,即极坐标曲线 $\varGamma_F$ 应逆时针包围原点一圈。

对于图 6-50 所示的简单情况,极坐标曲线 $\varGamma_F$ 包围原点的圈数可一目了然。然而,对于较为复杂的情况,如图 6-50 所示,极坐标曲线 $\varGamma_F$ 包围原点的圈数就难以一眼看出。这时可用一个简便的方法来确定:在 $F(s)$ 平面上,从原点出发向任意一个方向画一条射线,然后以原点为基准观测极坐标曲线 $\varGamma_F$ 与该射线成顺时针相交的次数和逆时针相交的次数,它们的代数和就是极坐标曲线 $\varGamma_F$ 包围原点的圈数。

(3) 用劳斯判据判断系统稳定性

典型闭环系统的如图 6-51 所示。

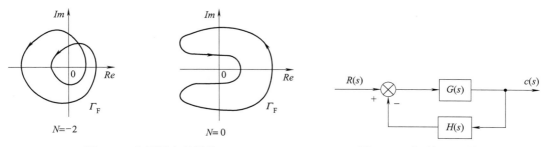

图 6-50 包围原点的圈数        图 6-51 典型闭环系统结构图

设其开环传递函数为

$$G_K(s) = G(s)H(s) = \frac{K(s-z_1)(s-z_2)\cdots(s-z_m)}{(s-p_1)(s-p_2)\cdots(s-p_n)} \quad (n \geqslant m)$$

系统的闭环传递函数为

$$G_B(s) = \frac{G(s)}{1+G(s)H(s)}$$

其特征方程为 $1+G(s)H(s)=0$，令

$$F(s) = 1+G(s)H(s)$$

故有

$$F(s) = \frac{(s-p_1)(s-p_2)\cdots(s-p_n) + K(s-z_1)(s-z_2)\cdots(s-z_m)}{(s-p_1)(s-p_2)\cdots(s-p_n)}$$

$$= \frac{(s-s_1)(s-s_2)\cdots(s-s_{n'})}{(s-p_1)(s-p_2)\cdots(s-p_n)} \qquad (n \geqslant n')$$

由此可知，$F(s)$ 的零点 $s_1, s_2, \cdots, s_{n'}$ 即为系统闭环传递函数 $G_B(s)$ 的极点，亦即系统特征方程的根；$F(s)$ 的极点 $p_1, p_2, \cdots, p_n$ 为系统开环传递函数 $G_K(s)$ 的极点。上述各函数零点与极点之间的对应关系可表示为如图 6-52 所示。

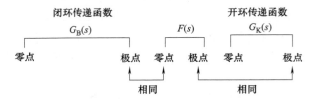

图 6-52　函数零点与极点之间的对应关系

线性定常系统稳定的充分必要条件是，其闭环系统的特征方程 $1+G(s)H(s)=0$ 的全部根都具有负实部，即 $G_B(s)$ 在 $[s]$ 平面的右半平面没有极点，亦即 $F(s)$ 在 $[s]$ 平面的右半平面没有零点。

由此，应用辐角原理，可导出 Nyquist 稳定判据。

为研究 $F(s)$ 有无零点位于 $[s]$ 平面的右半平面，可选择一条包围整个 $[s]$ 右半平面的封闭曲线 $L_s$，如图 6-53（a）所示。$L_s$ 由两部分组成，其中 $L_1$ 为 $\omega = -\infty$ 到 $+\infty$ 的整个虚轴，$L_2$ 为半径 $R \to \infty$ 的半圆弧。因此，$L_s$ 封闭地包围了整个 $[s]$ 平面的右半平面。这一封闭曲线即为 $[s]$ 平面上的 Nyquist 轨迹。当 $\omega$ 由 $-\infty$ 变到 $+\infty$ 时，轨迹的方向为顺时针方向。

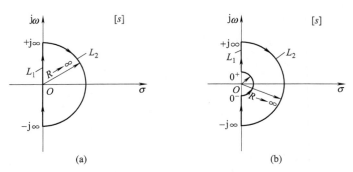

图 6-53　$[s]$ 平面上的 Nyquist 轨迹

由于在应用辐角原理时，$L_s$ 不能通过 $F(s)$ 函数的任何极点，所以当函数 $F(s)$ 有若干个极点处于 $[s]$ 平面虚轴或原点处时，$L_s$ 应以这些点为圆心，半径为无穷小的圆弧，按

逆时针方向绕过这些点,如图6-53(b)所示。由于绕过这些点的圆弧的半径为无穷小,因此,可以认为$L_s$曲线仍然包围了整个$[s]$平面的右半平面。

设$F(s)=1+G(s)H(s)$在$[s]$平面的右半平面有$z$个零点和$p$个极点,由辐角原理,当$s$沿$[s]$平面上的Nyquist轨迹移动一圈时,在$[F]$平面上的映射曲线$L_F$将顺时针包围原点$N=z-p$圈。

根据$F(s)=1+G(s)H(s)$,可得$G(s)H(s)=F(s)-1$。可见$[G(s)H(s)]$(以下简称$[GH]$平面)平面是将$[F]$平面的虚轴向右平移一个单位所构成的复平面。$[F]$平面的坐标原点就是$[GH]$平面上的点$(-1,\mathrm{j}0)$,$F(s)$的映射曲线$L_F$包围原点的圈数就等于$G(s)H(s)$的映射曲线$L_{GH}$包围点$(-1,\mathrm{j}0)$的圈数,如图6-54所示。

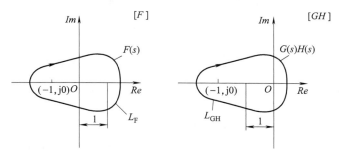

图6-54 $[F]$与$[GH]$平面上的Nyquist轨迹

任何一个可实现的开环系统,其开环传递函数$G_K(s)$分母的阶次$n$一定大于分子的阶次$m$,即$n \geqslant m$,故有

$$\lim_{s \to \infty} |G(s)H(s)| = \begin{cases} 0 & (n>m) \\ 常量 & (n=m) \end{cases}$$

所以,$[s]$平面上半径为$\infty$的半圆弧映射到$[GH]$平面上成为原点或实轴上的一点。

由于$L_s$为$[s]$平面上的整个虚轴再加上半径为$\infty$的半圆弧,而$[s]$平面上半径为$\infty$的半圆弧映射到$[GH]$平面上只是一个点,它对于$G(s)H(s)$的映射曲线$L_{GH}$对某点的包围情况无影响,所以$G(s)H(s)$的绕行情况只需考虑$[s]$平面的$\mathrm{j}\omega$映射到$[GH]$平面上的Nyquist轨迹$G(\mathrm{j}\omega)H(\mathrm{j}\omega)$即可。

由于闭环系统稳定的充要条件是$F(s)$在$[s]$平面上的右半平面无零点,即$Z=0$。因此,如果的Nyquist轨迹逆时针包围点$(-1,\mathrm{j}0)$的圈数$N$等于$G(s)H(s)$在$[s]$平面的右半平面的极点数$p$时,由$n=-p$,$n=z-p$,知$z=0$,故闭环系统稳定。

综上所述,可将Nyquist稳定判据表述如下:当$\omega$由$-\infty$变到$+\infty$时,若$[GH]$平面上的开环频率特性$G(\mathrm{j}\omega)H(\mathrm{j}\omega)$逆时针方向包围点$(-1,\mathrm{j}0)$ $p$圈,则闭环系统稳定。$p$为$G(s)H(s)$在$[s]$平面的右半平面的极点数。

对于开环稳定的系统,若$p=0$,此时闭环系统稳定的充要条件是系统的开环频率特性$G(\mathrm{j}\omega)H(\mathrm{j}\omega)$不包围点$(-1,\mathrm{j}0)$。

绘制映射曲线$L_{GH}$的方法是,令$s=\mathrm{j}\omega$代入,$G(s)H(s)$得到开环频率特性曲线$G(\mathrm{j}\omega)H(\mathrm{j}\omega)$上的点,用平滑曲线连接这些点,即可得到映射曲线。$[s]$平面上半径为$\infty$的半圆弧映射到$[GH]$平面上成为原点或实轴上的一点,因此只要绘制出$\omega$由$-\infty$变到$+\infty$的开环频率特性曲线,就构成了完整的映射曲线$L_{GH}$。

**例 6-11** 设系统的开环传递函数为 $G(s)H(s) = \dfrac{K}{(T_1 s+1)(T_2 s+1)}$，试用 Nyquist 稳定判据判别闭环系统的稳定性（$K$ 与 $T_i$ 均为正值）。

**解** 系统的开环频率特性为

$$G(j\omega) = \dfrac{K}{(jT_1\omega+1)(jT_2\omega+1)}$$

当 $\omega = 0$ 时，$|G(j\omega)H(j\omega)| = K$，$\angle G(j\omega)H(j\omega) = 0°$；

当 $\omega = \infty$ 时，$|G(j\omega)H(j\omega)| = 0$，$\angle G(j\omega)H(j\omega) = -180°$。

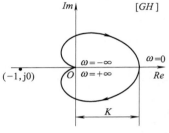

图 6-55 例 6-11 系统的开环 Nyquist 轨迹

其开环 Nyquist 图为图 6-55。由于 $G(s)H(s)$ 在 [$s$] 平面的右半平面没有极点，所以 $p=0$，且 $G(j\omega)H(j\omega)$ 不包围点 $(-1, j0)$，因此，不论 $K$ 取任何正值，系统总是稳定性。

（4）Bode 稳定判据

根据 Nyquist 判据和 Nyquist 图与 Bode 图的对应关系，可把 Bode 稳定判据描述如下：

闭环系统稳定的充分必要条件是，在 Bode 图上，当 $\omega$ 由 0 变化到 $+\infty$ 时，在开环对数幅频特性为正值的频率范围内，开环对数相频特性对 $-180°$ 线正穿越与负穿越次数之差为 $p/2$ 时，闭环系统稳定；否则不稳定。其中 $p$ 为系统开环传递函数在 [$s$] 平面的右半平面的极点数。

如图 6-56 若在 $0 \sim \omega_c$ 范围内，对数相频特性负穿越和正穿越 $-180°$ 线各一次，故正负穿越次数之差为 0，那么在 $p=0$ 时系统稳定。此系统实际上为一个条件稳定系统。

当开环系统为最小相位系统时，$p=0$。则，若开环对数幅频特性与 0dB 线的交点频率 $\omega_c$ 小于其对数相频特性与 $-180°$ 线的交点频率 $\omega_g$，即 $\omega_c < \omega_g$，则系统稳定；若 $\omega_c > \omega_g$，则系统不稳定；若 $\omega_c = \omega_g$，则系统临界稳定。换言之，若开环对数幅频特性达到 0dB 时，即与 0dB 线交于点 $(\omega_c, 0)$ 时，其对数相频特性还在 $-180°$ 线以上，即相位不足 $-180°$，则闭环系统稳定；若开环对数相频特性达到 $-180°$ 时，其对数相频特性还在 0dB 线以上，即幅值大于 1，则闭环系统不稳定。此即为开环最小相位系统的闭环系统稳定的充分必要条件。

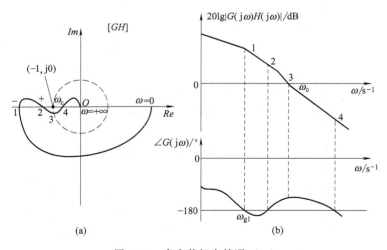

图 6-56 多个剪切点情况（一）

若开环对数幅频特性对横轴有多个剪切频率,如图 6-57 所示,则取剪切频率最高的 $\omega_{c3}$ 来判别稳定性。因为若用 $\omega_{c3}$ 判别系统是稳定的,则用 $\omega_{c2}$ 和 $\omega_{c1}$ 判别系统必然也是稳定的。

### 6.4.5 相对稳定性分析

前面所讨论和分析判断的稳定性主要是指系统的绝对稳定性。一个实际的控制系统,其稳定性往往是与系统参数有关的,系统开环增益 $K$ 的变化对其稳定性是有影响的,事实上在 $K=1$ 时,系统处于一种临界稳定状态。因此,对于实际控制系统,不仅要求稳定,而且还必须具有一定的稳定储备,这就是相对稳定性的概念。

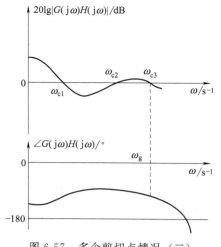

图 6-57 多个剪切点情况(二)

所谓相对稳定性是指稳定系统的稳定状态距离不稳定(或临界稳定)状态的程度。反映这种稳定程度的指标就是稳定裕度。从图形上理解,对于最小相位的开环系统,稳定裕度就是衡量系统开环极坐标曲线距离实轴上 -1 点的远近程度。这个距离越远,稳定裕度越大,就意味着系统的稳定程度越高。稳定裕度的定量表示主要有相对裕度 $\gamma$ 和幅值裕度 $K_g$。

从 Nyquist 稳定判据可推知,若系统开环传递函数在 $[s]$ 平面的右半平面的极点数 $p=0$,则闭环系统稳定,且当开环 Nyquist 轨迹离点 $(-1,j0)$ 越远,则闭环系统的稳定性越高;开环 Nyquist 轨迹离点 $(-1,j0)$ 越近,则其闭环系统的稳定性越低。这便是通常所说的系统的相对稳定性,它通过 $G_K(j\omega)$ 对点 $(-1,j0)$ 的靠近程度来表达,其定量表示为相位裕度 $\gamma$ 和幅值裕度 $K_g$,如图 6-58 所示。

(1) 相位裕度

在 $\omega$ 为剪切频率 $(\omega_c>0)$ 时,相频特性 $\angle G(j\omega)H(j\omega)$ 距 $-180°$ 线的相位差值 $\gamma$ 称为相位裕度。图 6-58(c) 所示系统不仅稳定,而且有相当的稳定性储备,它可以在频率 $\omega_c$ 下允许相位再增加 $\gamma$ 才达到 $\omega_g=\omega_c$ 的临界稳定条件。因此,相位裕度 $\gamma$ 有时又叫相位稳定性储备。

对于稳定系统,$\gamma$ 必在 Bode 图横轴以上,这时称为正相位裕度,即有正的稳定性储备,如图 6-58(c) 所示;对于不稳定系统,$\gamma$ 必在 Bode 图横轴之下,这时称为负相位裕度,即有负的稳定性储备,如图 6-58(d) 所示。

相应地,在极坐标图中,图 6-58(a) 和 (b) 所示,$\gamma$ 即为 Nyquist 轨迹与单位圆的交点 $A$ 对负实轴的相位差值,它表示在幅值比为 1 的频率 $\omega_c$ 时,有

$$\gamma=180°+\angle G_K(j\omega c)$$

其中 $G(j\omega_c)$ 的相位 $\angle G_K(j\omega_c)$ 一般为负值。

对于稳定系统,$\gamma$ 必在极坐标图负实轴以下,如图 6-58(a) 所示;对于不稳定系统,$\gamma$ 必在极坐标图负实轴以上,如图 6-58(b) 所示。例如,当 $\angle G_K(j\omega_c)=-150°$ 时,$\gamma=180°-150°=30°$,相位裕度为正。又如当 $\angle G_K(j\omega_c)=-210°$ 时,$\gamma=180°-210°=-30°$,相位裕度为负。

(2) 幅值裕度

当 $\omega$ 为相位交界频率 $\omega_g(\omega_g>0)$ 时,开环幅频特性 $|G(j\omega_c)H(j\omega_c)|$ 的倒数称为控制

系统的幅值裕度，记作 $K_g$(dB)，即

$$K_g = \frac{1}{|G(j\omega_g)H(j\omega_g)|}$$

在 Bode 图上，幅值裕度以 dB 表示为

$$20\lg K_g = -20\lg|G(j\omega_g)H(j\omega_g)|$$

对于最小相位系统，闭环系统稳定的充要条件是：$\gamma > 0$，$K_g$(dB)$> 0$。

对于稳定系统，$K_g$(dB) 必在 0dB 以下，$K_g$(dB)$> 0$，此时称为正幅值裕度，如图 6-58（c）所示；对于不稳定系统，$K_g$(dB) 必在 0dB 以上，$K_g$(dB)$< 0$，此时称为负幅值裕度，如图 6-58（d）所示。

在图 6-58（c）中，对数幅频特性还可以上移 $K_g$(dB)，才使系统满足 $\omega_c = \omega_g$ 的临界稳定条件，亦即只有增加系统的开环增益 $K_g$ 倍，才刚刚满足临界稳定条件。因此，幅值裕度有时又称为增益裕度。

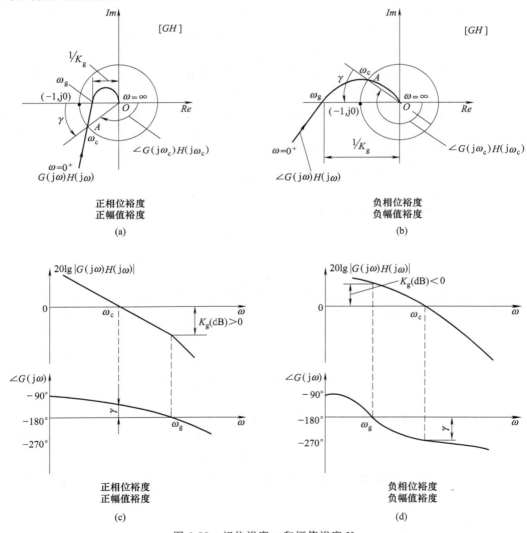

图 6-58 相位裕度 $\gamma$ 和幅值裕度 $K_g$

在极坐标图上，由于

$$|G(j\omega_g)H(j\omega_g)| = \frac{1}{K_g}$$

所以 Nyquist 轨迹与负实轴的交点到原点的距离即为 $1/K_g$，它代表在 $\omega_g$ 频率下开环频率特性的模。显然对于稳定系统，$1/K_g < 1$，如图 6-58（a）所示；对于不稳定系统，$1/K_g > 1$，如图 6-58（b）所示。

综上所述，对于在 $[s]$ 平面的右半平面没有极点的开环系统（$p=0$）来说，$G(j\omega)H(j\omega)$ 具有正幅值裕度与正相位裕度时，其闭环系统是稳定的；$G(j\omega)H(j\omega)$ 具有负幅值裕度与负相位裕度时，其闭环系统是不稳定的。

可见，利用 Nyquist 图或 Bode 图所计算出的 $\gamma$ 和 $K_g$ 相同。

**例 6-12** 某最小相角系统的开环对数幅频特性如图 6-59 所示。

① 写出系统开环传递函数；
② 利用相角裕度判断系统的稳定性；
③ 将其对数幅频特性向右平移十倍频程，试讨论对系统性能的影响。

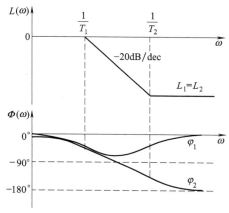

图 6-59 开环对数幅频特性

**解** ① 系统开环传递函数

$$G(s) = \frac{10}{s\left(\dfrac{s}{0.1}+1\right)\left(\dfrac{s}{20}+1\right)}$$

② 系统的开环相频特性为

$$\varphi(\omega) = -90° - \arctan\frac{\omega}{0.1} - \arctan\frac{\omega}{20}$$

可求出：截止频率 $\omega_c = \sqrt{0.1 \times 10} = 1$

相角裕度 $\gamma = 180° + \varphi(\omega_c) = 2.85°$

故系统稳定。

③ 将其对数幅频特性向右平移十倍频程后，可得系统新的开环传递函数

$$G(s) = \frac{100}{s(s+1)\left(\dfrac{s}{200}+1\right)}$$

可求出：截止频率 $\omega_{c1} = 10\omega_c = 10$

相角裕度 $\gamma_1 = 180° + \varphi(\omega_{c1}) = 2.85° = \gamma$

故系统稳定性不变。由时域指标估算公式可得

$$M_p = 0.16 + 0.4\left(\frac{1}{\sin\gamma} - 1\right) = M_{p_1}$$

$$t_s = \frac{K_0\pi}{\omega_c} = \frac{K_0\pi}{10\omega_{c1}} = 0.1 t_{s1}$$

所以，系统的超调量不变，调节时间缩短，动态响应加快。

# 6.5 自动控制系统的设计与校正

## 6.5.1 设计与校正概述

一个系统的性能指标总是根据它所要完成的具体任务规定的。以数控机床进给系统为例，主要的性能指标包括死区、最大超调量、稳态误差和带宽等。性能指标的具体数值则根据具体要求而定。一般情况下，几个性能指标的要求往往互相矛盾，例如，减小系统的稳态误差往往会降低系统的稳定性，在这种情况下，就要采取必要的校正，使两方面的性能要求都能得到适当满足。

（1）校正的概念

当被控对象确定以后，就可以对完成给定任务的控制系统提出要求，这些要求通常与系统的稳定性、准确性和快速性等性能指标有关。性能指标包括时域指标和频域指标。性能指标可以用一些精确的数据给出，但在有些情况下，一部分性能指标也可以以定性的说明给出。确切地制定出性能指标，是控制系统设计中的一项最为重要的工作。因为在此基础上，能够设计出完成既定任务的最佳控制系统。

常用的时域性能指标包括：调整时间 $t_s$、峰值时间 $t_p$、上升时间 $t_r$、最大超调量 $M_p$、以及稳态误差、稳态误差系数等。时域指标一般比较直观。常用的频域指标包括：相位裕量 $\gamma$、幅值裕量 $K_g$、剪切频率 $\omega_c$、截止频率 $\omega_b$、频带宽度 $0\sim\omega_b$、谐振频率 $\omega_r$ 和谐振峰值 $M_r$ 等。在基于频率特性的系统校正设计中，常常将时域指标转换成频域指标来考虑。

校正的目的为了使系统满足性能指标，对系统进行调整时，首先要调整增益值。但是在大多数实际系统中，只是调整增益并不能使系统的性能得到理想地改变，以满足给定的性能指标。往往随着增益值的增加，系统的稳态性能够得到改善，但是稳定性却随之变坏，甚至有可能造成系统的不稳定。因此，需要对系统进行重新设计（改变系统的结构或在系统中加进附加装置或元件），以改善系统的性能，使之满足要求。

所谓校正就是指在系统中增加新的环节，以改善系统性能的方法。因此当系统不能满足给定的性能指标要求时，须在系统中加入校正装置或控制器来改变系统特性。这种为改善系统动态与静态特性而引入的装置，称为校正装置，通常记为 $G_c(s)$。由系统分析可知，系统性能取决于系统的零、极点的分布，因此引入校正装置的实质就是改变整个系统的零、极点分布，从而改变系统的频率特性或根轨迹形状，使系统频率特性的高、中、低频段满足要求的性能或使系统的根轨迹穿越希望的闭环主导极点，从而使系统满足性

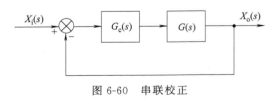

图 6-60 串联校正

（2）校正的分类

① 串联校正 串联校正指校正环节 $G_c(s)$ 串联在原传递函数方框图的前向通道中，如图 6-60 所示。为了减少功率消耗，串联校正环节一般都放在前向通道的前端，即低功率部分。

串联校正按校正环节 $G_c(s)$ 的性质可分为：

a. 增益调整；

b. 相位超前校正；

c. 相位滞后校正；

d. 相位滞后-超前校正。

这几种串联校正中，增益调整的实现比较简单。例如，在液压随动系统中，提高供油压力，即可实现增益调整。串联增益环节，导致开环增益的加大，而加大开环增益虽可使系统的稳态误差变小，但却使系统的相对稳定性随之下降。后三种校正方法后面将分别讨论。按照运算规律，串联校正又可分为比例控制、积分控制、微分控制等基本控制规律以及这些基本控制规律的组合。

② 并联校正  并联校正按校正环节 $G_c(s)$ 的并联方式可分为反馈校正、顺馈校正，如图 6-61、图 6-62 所示。

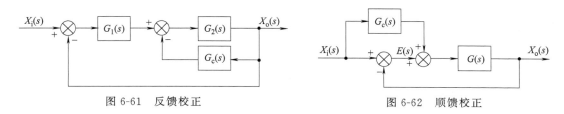

图 6-61  反馈校正　　　　　　　　图 6-62  顺馈校正

在对控制系统进行校正时，发现系统的设计问题通常归结为适当的设计串联或并联校正装置。究竟是选择串联校正还是并联校正，这取决于系统中信号的性质、系统中各点功率的大小、可供采用的元件、设计者的经验以及经济条件等等。

一般来说，串联校正可能比并联校正简单，但是串联校正常常需要附加放大器，以增大增益和提供隔离。为了避免功率损耗，串联校正装置通常安装在前向通道中能量最低的点上。如果能提供适当的信号，并联校正需要的元件数目比串联校正少，因为并联校正时，信号是从能量较高的点传向能量较低的点，这意味着不必采用附加放大器。

③ 复合校正  在原系统中加一条前向通道，构成复合校正，如图 6-63 所示。这种复合校正既能改善系统的稳态性能，又能改善系统的动态性能。

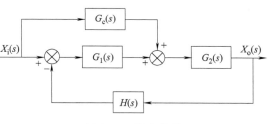

图 6-63  复合校正

虽然串联、反馈、复合校正等几种校正装置与原系统的连接方式不同，但都可以达到改善系统性能的目的。相对而言，串联校正比反馈校正设计简单，也比较容易对系统信号进行变换。但由于串联校正通常是由低能量向高能量部位传递信号，加上校正装置本身的能量损耗，必须进行能量补偿。因此，串联校正装置通常由有源网络或元件构成，即其中需要放大元件。反馈校正装置的输入信号通常由系统输出端或放大器的输出级供给，信号是从高功率点向低功率点传递，因此，一般不需要放大器。由于输入信号功率比较大，校正装置的容量和体积相应要大一些。反馈校正可以消除校正回路中元件参数的变化对系统性能的影响，因此，若原系统随着工作条件的变化，它的某些参数变化较大时，采用反馈校正效果会更好。在性能指标要求较高的系统中，常常兼用串联校正与反馈校正两种方式。

## 6.5.2  自动控制系统的串联校正

（1）相位超前校正

为满足控制系统的静态性能要求，最直接的方法是增大控制系统的开环增益，但当增益增大到一定数值时,系统有可能变为不稳定,或即使能稳定,其动态性能一般也不会理想。为此,需在系统的前向通道中加一超前校正装置,以实现在开环增益不变的前提下,系统的动态性能亦能满足设计的要求。图 6-64 所示超前网络原理图,其传递函数为

$$G_c(s) = \frac{U_o(s)}{U_i(s)} = \alpha \frac{Ts+1}{\alpha Ts+1} \qquad (6-69)$$

式中,$\alpha = \dfrac{R_2}{R_1+R_2} < 1$,$T = R_1 C$。

该网络的频率特性如图 6-65 所示,对数幅频特性的渐近线具有正斜率段,相频特性具有正相移。这说明超前网络在正弦信号作用下的稳态输出在相位上超前于输入。超前网络所提供的最大超前角为

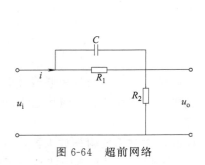

图 6-64 超前网络

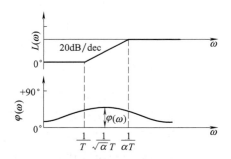

图 6-65 超前网络的对数频率特性曲线

$$\varphi_m = \arcsin \frac{1-\alpha}{1+\alpha} \qquad (6-70)$$

$\varphi_m$ 发生在两个转折频率 $1/T$ 和 $1/(\alpha T)$ 的几何中点。对应的角频率 $\omega_m$ 满足下式

$$\lg \omega_m = \frac{1}{2}(\lg \frac{1}{T} + \lg \frac{1}{\alpha T}), \quad \omega_m = \frac{1}{\sqrt{\alpha} T}$$

由上图可以看出,超前网络是一个高通滤波器。

超前校正装置的主要作用是改变频率特性曲线的形状,产生足够大的相位超前角,以补偿原来系统中元件造成的过大的相位滞后。

(2) 相位滞后校正

与超前校正相反,如果一个控制系统具有良好的动态性能,但其静态性能指标较差(如静态误差较大)时,则一般可采用滞后校正装置,使系统的开环增益有较大幅度的增加,而同时又可使校正后的系统动态指标保持原系统的良好状态。图 6-66 所示为滞后网络原理图,其传递函数为

$$G_c(s) = \frac{U_o(s)}{U_i(s)} = \frac{Ts+1}{\beta Ts+1} \qquad (6-71)$$

式中

$$\beta = \frac{R_1+R_2}{R_2} > 1, \quad T = R_2 C$$

该网络的频率特性如图 6-67 所示,其对数幅频特性的渐近线具有负斜率段,相频曲线出现负相位移。这说明滞后网络在正弦信号作用下的稳态输出量,在相位上滞后于输入。

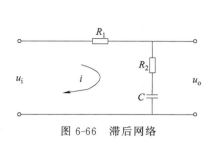

图 6-66 滞后网络

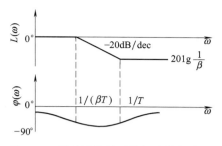

图 6-67 滞后网络的对数频率特性曲线

滞后网络的最大滞后角 $\varphi_m$ 及其对应的频率 $\omega_m$ 为

$$\varphi_m = -\arcsin\frac{\beta-1}{\beta+1}$$

$$\omega_m = \frac{1}{\sqrt{\beta}T}$$

滞后网络是一个低通滤波器。滞后校正的作用主要是利用它的负斜率段，使被校正系统高频段的幅值衰减，幅值交界频率左移，从而获得充分的相位裕量。

（3）相位滞后-超前校正

相位超前校正可以增加带宽、提高快速性，以及改善相对稳态性，但对稳定性能改善却很微小。滞后校正使稳态特性获得很大的改善，但由于减小了带宽，降低了快速性。同时采用滞后和超前校正，可全面改善系统的控制性能。

图 6-68 所示为滞后-超前网络原理图，其传递函数为

$$G_c(s) = \frac{T_1 s + 1}{\frac{T_1 s}{\beta} + 1} \cdot \frac{T_2 s + 1}{\beta T_2 s + 1}$$

式中

$$T_1 = R_1 C_1$$
$$T_2 = R_2 C_2$$
$$\frac{T_1}{\beta} + \beta T_2 = R_1 C_1 + R_2 C_2 + R_1 C_2, \quad (\beta > 1)$$

传递函数式右端第一项起超前网络作用，第二项起滞后网络作用。滞后-超前网络的对数频率特性曲线示于图 6-69。由图看出，曲线的低频部分具有负斜率和负相移，起滞后校正作用，后一段具有正斜率和正相移，起超前校正作用。

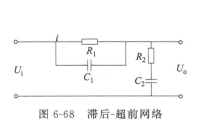

图 6-68 滞后-超前网络

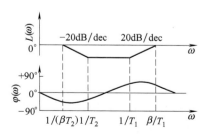

图 6-69 滞后-超前网络的对数频率特性曲线

超前补偿与滞后补偿两种方法的比较：

超前校正利用其相位超前特性，可以增大系统的稳定裕度，提高动态响应的平稳性（$M_r$ 减小）和快速性（$t_s$ 减小）；对提高系统稳态精度作用不大，系统抗干扰能力有所下降；一般用于稳态精度已基本满足要求，但动态性能差的系统；为了满足严格的稳态性能要求，在采用无源校正网络时，超前校正要求一定的附加增益；若在未补偿系统的截止频率附近，相位下降迅速时，导致超前网络的相角超前量不足以补偿到要求的数值，单个超前补偿网络可能无法达到要求。

滞后校正不是利用其相位滞后特性，而是利用了滞后网络的高频幅值衰减特性，因此，在系统开环传递函数中串入滞后环节后，系统幅频特性在中高频段会降低，因而剪切频率会减小，从而达到增加相角裕度的目的；而滞后校正由于不衰减低频特性，因此不会对系统稳态性能造成不利影响；滞后环节的相角滞后特性在校正中虽然是不利因素，但由于最大滞后角频率通常被安排在低频段，远离剪切频率，因此相角滞后特性对系统的动态性能和稳定性的影响非常小；另外，滞后校正一般不需要附加增益。对于同一系统，采用超前校正系统的带宽大于采用滞后校正时的带宽。当输入端电平噪声较高时，一般不宜选用超前网络补偿。

(4) PID 校正器

在工程实际中，PID（Proportional Integral Derivative）控制器是应用最为广泛的一种控制器。PID 控制器是按偏差的比例（P）、积分（I）和微分（D）进行控制的，其调节原理简单、参数易于整定、使用方便且适用性强，对于那些数学模型不易精确求得、参数变化较大的被控对象，采用 PID 校正往往能得到满意的控制效果。

PID 校正是一种负反馈闭环控制，通常与被控对象串联连接，作串联校正环节。PID 调节器控制在经典控制理论中技术成熟，模拟式 PID 调节器仍在非常广泛的应用，而数字式 PID 调节器控制的作用更灵活、更易于改进和完善。

PID 控制系统框图如 6-70 所示，其输入输出关系可表示为

$$u(t) = K_P e(t) + K_I \int_0^t e(t) \mathrm{d}(t) + K_D \frac{\mathrm{d}e(t)}{\mathrm{d}t}$$

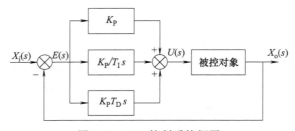

图 6-70　PID 控制系统框图

相应的传递函数为：

$$G(s) = \frac{U(s)}{E(s)} = K_P + \frac{K_I}{s} + K_D s$$

在很多情形下，PID 控制结构改变灵活，并不一定需要全部的三项控制作用，而是可以方便灵活地改变控制策略，实施 P、PI、PD 或 PID 控制。

① PD 校正器　又称比例-微分校正，作用相当于 $G_c(s) = \dfrac{U_o(s)}{U_i(s)} = \alpha \dfrac{Ts+1}{\alpha Ts+1}$ 的超前校

正，其传递函数为

$$G_c(s) = T_d s + K_P = K_P\left(\frac{T_d}{K_P}s + 1\right) = K_P(Ts+1)$$

② PI 校正器　又称比例-积分校正，作用相当于式 $G_c(s) = \dfrac{U_o(s)}{U_i(s)} = \dfrac{Ts+1}{\beta Ts+1}$ 滞后校正，其传递函数为

$$G_c(s) = K_P + \frac{1}{T_i s} = \frac{T_i K_P s + 1}{T_i s}$$

③ PID 校正器　又称比例-微分-积分校正，作用相当于式 $G_c(s) = \dfrac{T_1 s + 1}{\dfrac{T_1 s}{\beta} + 1} \cdot \dfrac{T_2 s + 1}{\beta T_2 s + 1}$ 的滞后-超前校正，其传递函数为

$$G_c(s) = K_P + T_d s + \frac{1}{T_i s} = \frac{T_i T_d s^2 + T_i K_P s + 1}{T_i s}$$

此外，用一个高增益的放大器加上四端网络反馈，也可以组成 PD、PI 和 PID 三种校正装置，且具有体积小、质量轻、参数容易调整等特点。图 6-71（a）、(b)、(c) 分别表示实现 PD、PI 和 PID 作用的放大器校正装置。

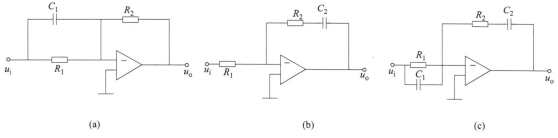

图 6-71　实现 PD、PI 和 PID 的放大器校正装置

(5) 三种串联校正的比较

① 超前校正是通过其相应超前效应获得所需结果，而滞后校正则通过其高频衰减特性获得所需结果。

② 校正增大了相位裕量和带宽，带宽增大意味着调整时间减小。具有超前校正的系统，其带宽总是大于具有滞后校正系统的带宽。因此，如果需要系统具有大的带宽，或具有快速的响应特性，则应当采用超前校正。如果系统存在着噪声信号，则不应增大带宽。因为随着带宽增大，高频增益增加，会使系统对噪声信号更加敏感，在这种情况下，应当采用滞后校正。

③ 滞后校正可以改善稳态精度，但是它使系统的带宽减小。如果带宽过分减小，则已校正的系统将呈现出缓慢的响应特性。如果既需要快速响应特性，又需要良好的静态精度，则必须采用滞后-超前校正装置。

④ 超前校正需要有一个附加的增益增长量，以补偿超前网络本身的衰减。这说明超前校正比滞后校正需要更大的增益。

⑤ 虽然利用超前、滞后及滞后-超前网络，能够完成大量的实际校正任务，但对复杂的

系统，采用这些网络的简单校正，不能给出满意的结果。因此，必须采用具有不同的零点和极点的各种校正装置。

### 6.5.3 自动控制系统的并联校正

（1）反馈控制

在控制系统的校正中，反馈校正除了与串联校正一样，可改善系统的性能以外，还可抑制反馈环内不利因素对系统的影响，基于这个特点，当所设计的系统中一些参数可能随着工作条件的改变而发生幅度较大的变动，而在该系统中又能够取出适当的反馈信号，即有条件采用反馈校正时，一般说来，采用反馈校正是恰当的。

反馈校正在控制系统中得到广泛的应用，常见的有被控量的速度、加速度反馈、执行机构的输出及其速度的反馈以及复杂的系统中间变量反馈等。如图 6-72 所示。在随动系统和调速系统中，转速、加速度、电枢电流等，都可用做反馈信号源，而具体的反馈元件实际上就是一些测试传感器，如测速发电机、加速度传感器、电流互感器等。

从控制观点来看，反馈校正比串联校正有其突出的特点，它能有效地改变被包围环节的动态结构和参数；另外，在一定的条件下，反馈校正甚至能完全取代被包围环节，从而可以大大减弱这部分环节由于特性参数变化及各种干扰给系统带来的不利的影响。

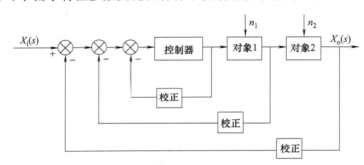

图 6-72 反馈校正的连接形式

① 位置反馈校正的框图如 6-73 所示。

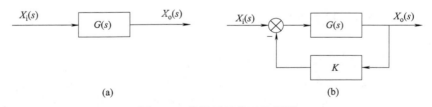

图 6-73 位置反馈校正的框图

对非 0 型系统，当系统未加校正时，如图 6-73（a）所示，系统的传递函数为

$$G(s) = \frac{K_1 \prod_{i=1}^{m}(s-z_i)}{s^v \prod_{j=1}^{n}(s-p_{j-v})} \quad (v>0)$$

若采用单位反馈校正，即 $K=1$，如图 6-73（b）所示，则闭环传递函数为

$$\frac{X_o(s)}{X_i(s)} = \frac{G(s)}{1+G(s)} = \frac{K_1 \prod_{i=1}^{m}(s-z_i)}{s^v \prod_{j=1}^{n}(s-p_{j-v}) + K_1 \prod_{i=1}^{m}(s-z_i)}$$

而对于具有传递函数 $G(s) = \frac{K_1}{Ts+1}$ 的一阶系统，若加反馈校正 $G_c(s) = 1$，则传递函数为

$$\frac{X_o(s)}{X_i(s)} = \frac{K_1}{(Ts+1)+K_1} = \frac{\frac{K_1}{1+K_1}}{\frac{T}{1+K_1}s + 1}$$

可见：校正后系统型次未变，但时间常数由 $T$ 下降为 $T/(1+K_1)$，即惯性减弱，这导致过渡过程时间 $t_s(=4T)$ 缩短，系统响应速度加快；同时，系统的增益由 $K_1$ 下降至 $K_1/(1+K_1)$。

② 速度反馈校正　在位置随动系统中，常常采用速度反馈的校正方案来改善系统的性能。

图 6-74 所示的 I 型系统，未加校正前，如 6-74（a）所示，其传递函数为

$$\frac{X_o(s)}{X_i(s)} = \frac{K}{s(Ts+1)}$$

采用速度反馈后，如图 6-74（b）所示系统的传递函数为

$$\frac{X_o(s)}{X_i(s)} = \frac{\frac{K}{1+Ka}}{s\left(\frac{Ts}{1+Ka}+1\right)}$$

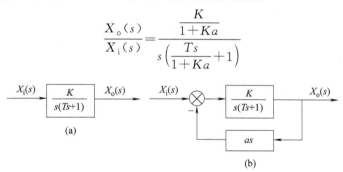

图 6-74　I 型系统

显然，经校正后，系统的型次并未改变，时间常数由 $T$ 下降为 $T/(1+Ka)$，系统的响应速度加快；同时系统的增益减小。

(2) 顺馈校正

前面所讨论的闭环反馈系统，控制作用由偏差 $\varepsilon(t)$ 产生，即闭环反馈系统是靠误差来减小误差的。因此，从原则上讲，误差是不可避免的。

顺馈校正的特点是不依靠偏差而直接测量干扰，在干扰引起误差之前就对它进行近似补偿，及时消除干扰的影响。因此，对系统进行顺馈补偿的前提是干扰可以测出。

图 6-75 所示是一个单位反馈系统，其中图 6-75（a）是一般的闭环反馈系统 $E(s) \neq 0$。若要使 $E(s)=0$，即使 $X_i(s)=X_o(s)$，则可在系统中加入顺馈校正环节 $G_c(s)$，如图 6-75（b）所示，加入 $G_c(s)$ 后

$$X_o(s) = G_1(s)G_2(s)E(s) + G_c(s)G_2(s)X_i(s) = X_{o1}(s) + X_{o2}(s)$$

此式表示顺馈补偿为开环补偿，相当于系统通过 $G_c(s)G_2(s)$ 增加了一个输出 $X_{o2}(s)$，以补偿原来的误差。图 6-75（b）所示系统的等效闭环传递函数为

$$G(s)=\frac{X_o(s)}{X_i(s)}=\frac{G_1(s)G_2(s)+G_c(s)G_2(s)}{1+G_1(s)G_2(s)}$$

当 $G_c(s)=1/G_2(s)$ 时，$G(s)=1$，即 $X_o(s)=X_i(s)$，所以 $E(s)=0$。这称为全补偿的顺馈校正。上述系统虽然加了顺馈校正，但稳定性并不受影响，因为系统的特征方程仍然是 $1+G_1(s)G_2(s)=0$。

为减小顺馈控制信号的功率，大多将顺馈控制信号加在系统中信号综合放大器的输入端。同时，为了使 $G_c(s)$ 的结构简单，在绝大多数情况下，不要求实现全补偿，只要通过部分补偿将系统的误差减小至允许范围之内便可。

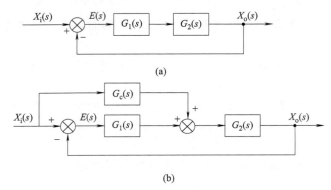

图 6-75 单位反馈系统

# 7 控制系统MATLAB计算与Simulink仿真

**知识要点**

★控制系统 MATLAB 模型表示及模型间转换；
★Simulink 控制系统仿真；
★利用 MATLAB 实现控制系统时域和频域性能的分析和计算。

## 7.1 控制系统 MATLAB 模型表示

自动控制理论主要由经典控制理论、现代控制理论和智能控制理论组成。经典控制理论是在复数域中以传递函数概念为基础的理论体系，主要研究单输入、单线性定常系统的分析与设计。现代控制理论是在时间域中以状态方程概念为基础的理论体系，主要研究具有高性能、高精度的多输入多输出系统的分析与设计。智能控制理论是一类无需人的干预就能够独立驱动智能机器实现其目标的自动控制理论体系，主要用来解决那些用传统方法难以解决的复杂系统的控制问题，主要研究具有不确定性的模型、高度非线性及复杂任务要求的系统。而经典控制理论是自动控制理论的基础，受篇幅限制，本书只讨论经典控制理论中的MATLAB 计算与 Simulink 仿真。

MATLAB 的控制工具箱是提供自动控制系统建模、分析和设计方面函数的集合，提供四种数学模型表示控制系统：传递函数模型、零极点增益模型、状态空间模型、动态结构图（Simulink 中使用）。

### 7.1.1 传递函数数学模型

已知传递函数数学模型

$$G(s) = \frac{b_m s^m + b_{m-1} s^{m-1} + \cdots + b_1 s^1 + b_0}{a_n s^n + a_{n-1} s^{n-1} + \cdots + a_1 s^1 + a_0}$$

由分子和分母多项式系数可唯一确定传递函数如下：

分子向量 num=$[b_m \quad b_{m-1} \quad \cdots \quad b_1 \quad b_0]$；分母向量 den=$[a_n \quad a_{n-1} \quad \cdots \quad a_1 \quad a_0]$。

MATLAB 中用函数命令 tf() 来建立控制系统的传递函数模型。函数命令的调用格式为：
```
sys= tf(num,den)
```
函数返回的变量为连续系统的传递函数模型，函数输入参量 num 与 den 分别为系统的分子与分母多项式系数向量。

**例 7-1**　用 MATLAB 表示传递函数为 $G(s)=\dfrac{2s+3}{4s^3+3s^2+2s+1}$ 的系统。

**解**
```
num= [2  3];
den= [4  3  2  1];
    sys= tf(num,den)
```
执行结果：
```
Transfer function:
      2s+ 3
---------------------
4s^3 + 3s^2 + 2s + 1
```

### 7.1.2　零极点增益数学模型

零极点增益模型是传递函数数学模型一种特殊形式，其模型为

$$G(s)=k\frac{\prod_{i=1}^{m}(s-z_i)}{\prod_{j=1}^{n}(s-p_j)}=k\frac{(s-z_1)(s-z_2)\cdots(s-z_m)}{(s-p_1)(s-p_2)\cdots(s-p_n)}$$

其中，$z=[z_1 \quad z_2 \quad \cdots \quad z_m]$ 为分子多项式的零点向量，$p=[p_1 \quad p_2 \quad \cdots \quad p_n]$ 为分母多项式的极点向量，$k$ 为传递函数的增益。

MATLAB 中用函数命令 zpk() 来建立控制系统的零极点增益模型。函数命令的调用格式为：
```
sys = zpk(z ,p ,k )
```
其中，的 $z$、$p$、$k$ 分别代表系统零点、极点、增益向量，函数返回系统零极点模型。

**例 7-2**　用 MATLAB 表示传递函数为 $G(s)=\dfrac{2(s+3)}{s(s+1)(s+2)}$ 的系统。

**解**
```
z = - 3;
p = [0  - 1  - 2];
k = 2;
sys = zpk(z,p,k)
```
执行结果：
```
Zero/pole/gain:
   2(s + 3)
-------------
s(s + 1)(s + 2)
```

### 7.1.3　状态空间数学模型

线性定常状态空间模型描述为

$$\begin{cases} \dot{X} = AX + BU \\ Y = CX + DU \end{cases}$$

式中，$X$ 为状态向量；$U$ 为输入向量；$Y$ 为输出向量。

MATLAB 中用函数命令 ss（ ） 来建立控制系统的零极点增益模型。函数命令的调用格式为：

    sys = ss(a ,b ,c ,d )

其中，的 $a$、$b$、$c$、$d$ 分别代表系统状态矩阵、控制矩阵、输出矩阵、直接传输矩阵，函数返回连续系统状态空间模型。

**例 7-3** 用 MATLAB 表示传递函数为 $\begin{bmatrix} \dot{x}_1 \\ \dot{x}_2 \\ \dot{x}_3 \end{bmatrix} = \begin{bmatrix} 0 & 1 & 0 \\ 0 & 0 & 1 \\ -5 & -20 & -1 \end{bmatrix} \begin{bmatrix} x_1 \\ x_2 \\ x_3 \end{bmatrix} + \begin{bmatrix} 0 \\ 0 \\ 1 \end{bmatrix} u$

$y = \begin{bmatrix} 1 & 0 & 0 \end{bmatrix} \begin{bmatrix} x_1 \\ x_2 \\ x_3 \end{bmatrix}$ 的系统。

**解** 
```
a = [0 1 0;0 0 1;- 5 - 20 - 1];
b = [0;0;1];
c = [1 0 0];
d = 0;
sys = ss(a,b,c,d)
```

执行结果：

```
a =          x1     x2     x3
     x1       0      1      0
     x2       0      0      1
     x3      - 5    - 20   - 1
b =          u1
     x1       0
     x2       0
     x3       1
c =          x1     x2     x3
     y1       1      0      0
d =          u1
     y1       0
```

注：状态空间数学模型属于现代控制理论研究范畴，本书只讨论经典控制理论，这里只做模型的定义介绍。

### 7.1.4 利用 MATLAB 实现数学模型之间的转换

在不同的应用场合需要不同的数学模型，这就需要进行模型的转换，MATLAB control 工具箱提供了一系列用于模型转换的函数，如表 7-1 所示。

表 7-1 模型转换函数

| 函数名 | 功能 | 函数名 | 功能 |
|---|---|---|---|
| tf2zp | 将传递函数模型转换为零极点增益模型 | zp2ss | 将零极点增益模型转换为状态空间模型 |
| zp2tf | 将零极点增益模型转换为传递函数模型 | ss2zp | 将状态空间模型转换为零极点增益模型 |
| tf2ss | 将传递函数模型转换为状态空间模型 | residue | 传递函数模型与部分分式模型 |
| ss2tf | 将状态空间模型转换为传递函数模型 | | |

**例 7-4** 已知某控制系统的传递函数为 $G(s)=\dfrac{1}{s^2+3s+2}$，求 MATLAB 描述的传递函数模型及零极点增益模型。

**解** 
```
num = [0 0 1];
den = [1 3 2];
sys1 = tf(num,den);
[z p k] = tf2zp(num,den);
sys2 = zpk(z,p,k)
```
执行结果：
```
Transfer function:
     1
------------
s^2 + 3s + 2
Zero/pole/gain:
     1
-----------
(s + 2)(s + 1)
```

### 7.1.5 利用 MATLAB 实现数学模型之间的连接

在实际应用中，整个自动控制系统是由多个单一模型组合连接而成的，其基本连接方式包括串联、并联以及反馈连接等。此外，在 MATLAB 中描述系统的模型形式不仅仅拘泥于数学表达式，还有应用在 SIMULINK 仿真环境中的动态方框图形式。只要按照一定的规则画出系统模型图，然后用实际系统的数据进行设置，就可以对其实现仿真。

(1) 环节串联化简

sys=series（G1，G2）或通过命令 sys=G1×G2 实现。
SISO 子系统串联连接结构如图 7-1 所示。

(2) 环节并联化简

sys=parallel（G1，G2）或通过命令 sys=G1+G2 实现。

图 7-1 SISO 子系统串联连接结构图

SISO 子系统并联连接结构如图 7-2 所示。

(3) 反馈环节化简

反馈连接结构是控制系统动态方框图动中常见连接形式，为此 MATLAB 提供了相应的函数命令实现反馈化简。

```
sys = feedback(G,H,sign)
```

其中，sign 缺省值为 −1，即表示负反馈；若为正反馈，则 sign=1。

SISO 子系统反馈连接结构如图 7-3 所示。

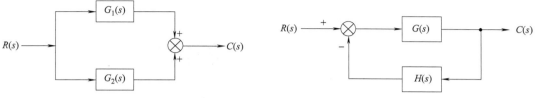

图 7-2　SISO 子系统并联连接结构图　　　　图 7-3　SISO 子系统反馈连接结构图

**例 7-5**　已知两个控制系统的传递函数分别为 $G_1(s)=\dfrac{6(s+2)}{(s+1)(s+3)(s+5)}$ 和 $G_2(s)=\dfrac{s+2.5}{s^2+5s+4}$，求 MATLAB 求两系统串联的传递函数模型。

**解**　
```
num1 = [6  12];
den1 = [1  9  23  15];
num2 = [1  2.5];
den2 = [1  5  4];
[num  den] = series([num1,den1, num2,den2)
sys = tf(num,den)
```

执行结果：
```
Transfer function:
      6s^2 + 2 7s + 30
-----------------------------------------
s^5 + 14s^4 + 72s^3 + 166s^2 + 167s + 60
```

## 7.2　Simulink 控制系统仿真

Simulink 是一个进行动态系统建模、仿真和综合分析的集成软件包。它与 MATLAB 语言的主要区别在于，其与用户交互接口是基于 Windows 的模型化图形输入。它可以处理的系统包括：线性、非线性系统；离散、连续及混合系统；单任务、多任务离散事件系统。在 Simulink 环境中运作的工具包很多，已覆盖通信、控制、信号处理、电力系统等诸多领域，所涉内容专业性极强。

### 7.2.1　Simulink 的启动与退出

（1）在 MATLAB 的命令窗口输入 simulink 或单击 MATLAB 主窗口工具栏上的 Simulink 命令按钮即可启动 Simulink

Simulink 启动后会显示 Simulink 模块库浏览器（Simulink Library Browser）窗口，如图 7-4 所示。

（2）在 MATLAB 的命令窗口输入 simulink3

结果是在桌面上出现一个用图标形式显示的 Library：simulink3 的 Simulink 模块库窗

口，如图 7-5 所示。

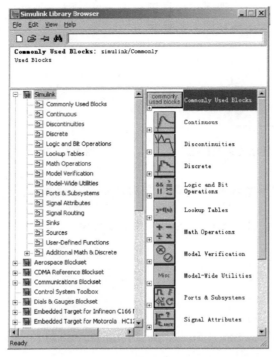

图 7-4　Simulink 模块库浏览器窗口

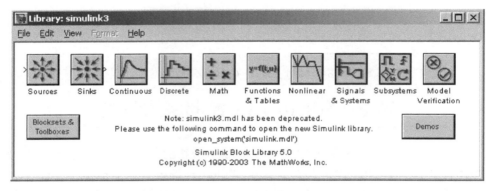

图 7-5　Simulink 模块库窗口

两种模块库窗口界面只是不同的显示形式，用户可以根据各人喜好进行选用，一般说来第二种窗口直观、形象，易于初学者，但使用时会打开太多的子窗口。

在 MATLAB 主窗口 File 菜单中选择 New 菜单项下的 Model 命令，在出现 Simulink 模块库浏览器的同时，还会出现一个名字为 untitled 的模型编辑窗口。在启动 Simulink 模块库浏览器后再单击其工具栏中的 Create a new model 命令按钮，也会弹出模型编辑窗口。利用模型编辑窗口，可以通过鼠标的拖放操作创建一个模型。

模型创建完成后，从模型编辑窗口（如图 7-6 所示）的 File 菜单项中选择 Save 或 Save As 命令，可以将模型以模型文件的格式（扩展名为 .mdl）存入磁盘。

退出 Simulink，只要关闭所有模型编辑窗口和 Simulink 模块库浏览器窗口即可。

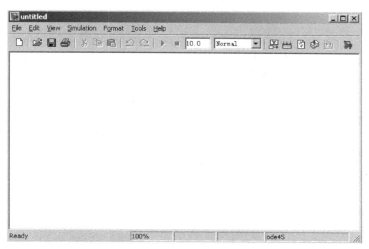

图 7-6　Simulink 模型编辑窗口

### 7.2.2　Simulink 模块库及简单的系统仿真

Simulink 模块库按功能进行分类，包括如图 7-7 所示子库。单击模块库浏览器中 Simulink 前面的"＋"号，将看到 Simulink 模块库中包含的子模块库，单击所需要的子模块库，在右边的窗口中将看到相应的基本模块。

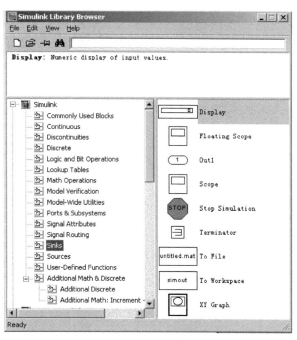

图 7-7　Simulink 模块库

Simulink 模块库最常用的是 Sinks（系统输出模块）、Sources（输入源模块）和 Continuous（连续模块），下面以它们为例，简单介绍一下 Simulink 模块库。

（1）Sinks（系统输出模块）

如图 7-8 所示，包括：

① Display：以数值形式显示输入信号。
② Floating Scope：悬浮信号显示器（不需任何连线，可显示任何指定信号）。
③ Out1：为子系统或其他模型提供输出端口。
④ Scope：示波器。
⑤ Stop Simulation：当输入非零时停止仿真。
⑥ Terminator：信号终结器（防止输出信号无连接）。
⑦ To File（.mat）：将仿真输出写入（.mat）数据文件。
⑧ To Workspace：将仿真输出写入 MATLAB 的工作空间。
⑨ XY Graph：使用 MATLAB 图形显示二维图形。

(2) Sources（输入源模块）

如图 7-9 所示，包括：
① Band-Limited White Noise：有限带宽白噪声。
② Chirp Signal：输出频率随时间线性变换的正弦信号。
③ Clock：仿真时钟信号（输出每个仿真步点的时刻）。
④ Constant：常数信号（数值可设置）。
⑤ Digital Clock：以固定速率输出当前仿真时间。
⑥ From Workspace：来自 MATLAB 工作空间输入数据。
⑦ From File（.mat）：来自数据文件 .mat 中输入数据。
⑧ Ground：接地信号。
⑨ In1：为子系统或其他模型提供输入端口。

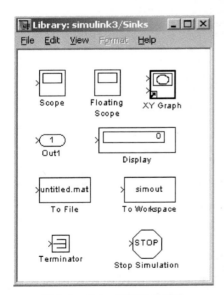

图 7-8　Sinks 系统输出模块

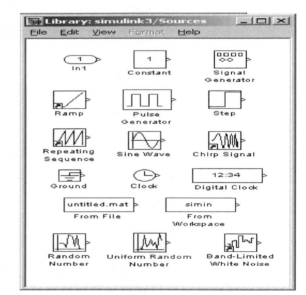

图 7-9　Sources 输入源模块

(3) Continuous（连续模块）

如图 7-10 所示，包括：
① Derivative：输入信号微分。
② Integrator：输入信号积分。
③ State-Space：线性状态空间系统模型。

④ Transfer Fcn：线性传递函数模型。
⑤ Transport Delay：输入信号延时一个固定时间再输出。
⑥ Variable Transport Delay：输入信号延时一个可变时间再输出。
⑦ Zero-Pole：以零极点表示的传递函数模型。

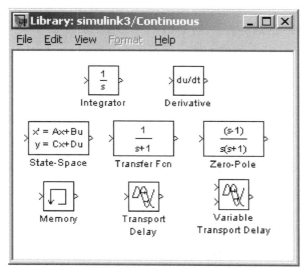

图 7-10  Continuous 连续模块

**例 7-6**  在 Simulink 环境下对控制系统进行仿真，该系统闭环传递函数为 $\Phi(s)=\dfrac{25}{s^2+3s+25}$，观察该二阶系统的单位阶跃响应曲线。

**解**  由题意可知，单位反馈时，系统的开环传递函数为：

$$G(s)=\frac{25}{s(s+3)}$$

则该系统 Simulink 仿真模型如图 7-11 所示。

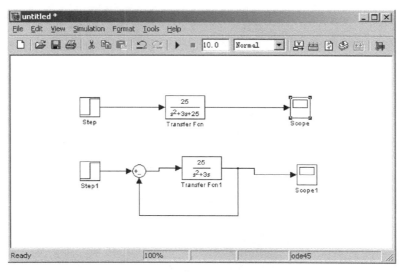

图 7-11  系统 Simulink 仿真模型

## 7.3 利用 MATLAB 实现控制系统性能分析方法

### 7.3.1 控制系统的时域分析

时域响应 MATLAB 仿真的方法有两种：一种是在 MATLAB 的函数指令方式下进行时域仿真；另一种是在 Simulink 环境下的菜单方式的时域仿真。

（1）阶跃响应 step（）函数的用法

y＝step（sys）或 step（sys，t），其中，sys 是控制系统的数学模型，$t$ 为选定的仿真时间向量，一般可由 $t$＝冒号表达式（0：step：end）来产生。

（2）脉冲响应 impulse（）函数的用法

y＝impulse（sys）或 impulse（sys，t），使用方法和 step（）函数基本一致。

此外，MATLAB 除了提供上述阶跃响应、脉冲响应等进行仿真的函数以外，还提供其他对控制系统进行时域分析的函数，如：

covar 函数——连续系统对白噪声的方差响应；
initial 函数——连续系统的零输入响应；
lsim 函数——连续系统对任意输入的响应。

**例 7-7** 绘制典型二阶系统在零阻尼、欠阻尼和过阻尼情况下的单位阶跃响应曲线。

程序如下：

```
c = [0 3 7 10 20 40];
w = 5;
t = linspace(0,10,100)';
num = w^2;
for i = 1:6
    den = [1 c(i) w^2];
    sys = tf(num,den);
    y(:,i) = step(sys,t);
end
plot(t,y(:,1:6))
```

典型二阶系统的单位阶跃响应曲线如图 7-12 所示。

### 7.3.2 控制系统的稳定性分析

自动控制系统的稳定性是其正常工作的首要条件。由稳定性定义可知，线性定常系统稳定性的数学定义是控制系统闭环特征方程的全部根，不论是实根或复根，其实部均应为负值，则闭环系统就是稳定的。

MATLAB 中提供命令函数 roots（）实现，其调用格式为：

$$y＝roots(P)$$

其中，$P$ 是系统闭环特征多项式降幂排列的系数向量。

**例 7-8** 已知单位负反馈系统的开环传递函数为 $G(s)=\dfrac{s+2}{s(s+1)(s+3)}$，试判断系统的

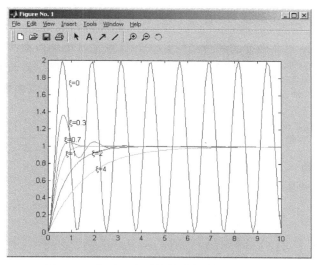

图 7-12 典型二阶系统的单位阶跃响应曲线

闭环稳定性。

**解**　k = 1;z = [- 2];p = [0,- 1,- 3];
[num,den] = zp2tf(z,p,k);
D = num+ den;
roots(D)

执行结果：

ans =

　- 2.8393

　- 0.5804 + 0.6063i

　- 0.5804 - 0.6063i

从结果看，特征根均为负实部根，因而该系统闭环稳定。

**例 7-9**　已知单位负反馈系统的闭环传递函数为 $G(s)=\dfrac{2s^2+s-1}{s^4-1.3s^3+0.7s^2+1.2s+0.2}$，试判断系统的稳定性。

**解**　den = [1　- 1.3　0.7　1.2　0.2];
num = [2　1　- 1];
sys = tf(num,den);
roots(sys.den{1})

执行结果：

ans =

　　1.0000 + 1.0000i

　　1.0000 - 1.0000i

　- 0.5000

　- 0.2000

从结果看，特征根中有正实部根，因而该系统不稳定。

### 7.3.3 控制系统的稳态误差分析

稳态误差是系统控制准确度的评价指标，实际计算是基于响应曲线的稳态值与期望值之差。控制理论的研究中典型的外作用有单位阶跃信号、单位速度（斜坡）信号、单位加速度信号。MATLAB中，通过step()函数，其稳态误差为阶跃响应曲线的稳态值与期望值"1"之差。

**例 7-10** 已知一单位负反馈系统的开环传递函数为 $G(s)=\dfrac{5(s+0.2)}{s(s-0.5)(s+1.5)}$，试求单位阶跃信号作为参考输入时产生的稳态误差。

**解** （1）判断系统稳定性

```
k = 5;
z = [- 0.2];
p = [0  0.5  - 1.5];
[num,den] = zp2tf(z,p,k);
sys = tf(num,den);
sys1 = feedback(sys,1);
roots(sys1.den{1})
```

执行结果：
```
ans =
  - 0.3770 + 1.9805i
  - 0.3770 - 1.9805i
  - 0.2460
```

（2）单位阶跃输入产生的稳态误差

```
step(sys1);
t = [0:0.1:300];
y = step(sys1,t);
ess = 1 - y;
ess(length(ess))
```

执行结果：
```
ans =
   2.8866e - 015
```

从结果来看，2.8866e−015 近似为零，说明一型系统承受阶跃信号时的稳态误差近似为零。

### 7.3.4 控制系统的频域分析

频域分析法是应用频率特性研究控制系统的一种经典方法，不必直接求解系统的微分方程，而通过频率特性能够间接地对系统的动态特性和稳态特性进行分析，其分析方法主要包括以下三种：幅相频率特性曲线（又称为极坐标或 Nyquist 曲线）、对数频率特性曲线（又称为 Bode 图）、对数幅相频率特性曲线（又称为 Nichols 曲线）。

MATLAB 中提供了相应绘制频率特性曲线的函数包括：

① 奈奎斯特曲线图，通过函数 nyquist() 实现，其调用格式为：
nyquist(sys)
② 伯德图，通过函数 bode() 实现，其调用格式为：
bode(sys)
③ 系统相对稳定性分析函数 margin()，其调用格式为：
[gm,pm,wcp,wcg] = margin(mag,phase,w)

控制理论中用幅值裕度和相角裕度评价系统相对稳定性，margin 函数从频域响应数据中计算出幅值裕度和相角裕度及其对应的角频率。其中，wcg 为剪切频率，pm 为相角裕度，wcp 为穿越频率，gm 为幅值裕度。

**例 7-11** 已知系统开环传递函数为 $G(s)=4/(3s^3+7s^2+2s)$，试利用 MATLAB 画出系统的奈奎斯特图。

程序如下：
```
num = [0,0,4];
den = [3,7,2,0];
nyquist(num,den);
grid on;
title('Nyquist plot G(s) = 4/(3s^3 + 7s^2 + 2s)');
```
控制系统的奈奎斯特曲线如图 7-13 所示。

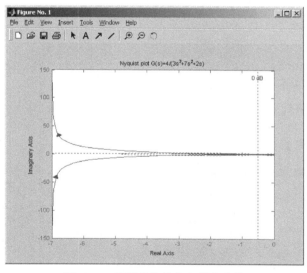

图 7-13　控制系统的奈奎斯特曲线

**例 7-12** 已知系统的开环传递函数为 $G(s)=\dfrac{500}{s^2+52s+100}$，试利用 MATLAB 绘制系统的伯德图。

程序如下：
```
num = [0,0,500];
den = [1,52,100];
bode(num,den);
grid on;
```

控制系统的伯德图如图 7-14 所示。

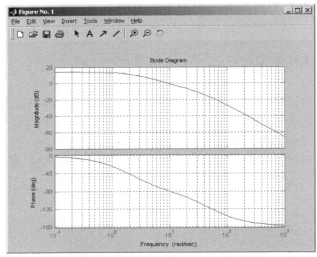

图 7-14　例 7-12 中控制系统的伯德图

**例 7-13**　已知一单位反馈系统开环传递函数为 $G(s) = 2/(s^3 + 6s^2 + 5s)$，试 MATLAB 绘制伯德图并计算系统频域性能指标。

程序如下：
```
num = [0 0 0 2];
den = [1 6 5 0];
sys = tf(num,den);
[mag,phase,w] = bode(sys);
[gm,pm,wcp,wcg] = margin(mag,phase,w)
margin(sys)
```

控制系统的伯德图如图 7-15 所示。

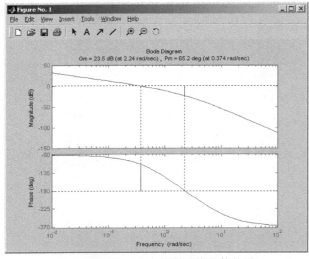

图 7-15　例 7-13 中控制系统的伯德图

# MATLAB上机实践指导

## 实训项目一　MATLAB程序设计基础实训

### 一、实训目的和要求

① 熟悉MATLAB工作界面及帮助系统的使用方法。
② 掌握MATLAB常用操作指令与函数使用方法。
③ 掌握矩阵的常用定义与访问方法。
④ 掌握数值型、字符型、符号型等变量的使用方法。
⑤ 了解全局变量与局部变量的区别。
⑥ 掌握MATLAB矢量化编程的程序设计方法。

### 二、实训内容与问题

1. MATLAB帮助系统的使用方法
任务1：如何使用MATLAB帮助系统查找plot函数的帮助信息？
任务2：如何找出MATLAB中前两个字母为ma的所有函数？
任务3：如何启动MATLAB的演示系统（Demos）？
2. MATLAB常用操作指令与函数使用方法
任务4：使用参考资料中的函数实现下列功能。
① 新建一个M文件；
② 使用指令清空MATLAB当前工作空间及窗口；
③ 定义变量 $X=456$，$x=123$，计算 $x/X$、$x \backslash X$、$|x-X|$ 的值，分别保存在变量 $Z1$、$Z2$、$Z3$ 中；
④ 将当前工作空间中所有变量保存到文件HAO.mat文件中，该文件路径为D：\。
⑤ 将MATLAB当前工作空间及窗口清空，将HAO.mat文件中变量 $X$、$x$ 和 $Z2$ 调入工作空间，将 $Z2$ 四舍五入。

任务5：format函数使用方法。
定义变量 $x$，将其赋值为 $\pi$，显示出 $\pi$ 的前15位数字，并计算其正弦值，显示当前工作空间所有变量的属性。思考：$x$ 变量的显示格式是否影响其在MATLAB存储格式。

任务6：计算下面 MATLAB 表达式的值：

$$((1+\sqrt{75})\times 100.5+10)\div(\sin(60°)+1.5^3)$$

3. 矩阵的定义与访问

任务7：定义如下向量。

① 定义向量 $x=[8\ 6\ 9\ 4\ 5\ 2\ 7\ 1\ 3]$，定义时需取消该行的显示；

② 求 5 到 50 的线性向量间隔为 5；

③ 求 10 到 100 间分 10 个点的线性向量；

④ 分别将 $x$ "从小到大排序" 和 "从大到小排序"；

⑤ 取出 $x$ 的第 5 个元素，第 1~5 个元素（保存在 $y$ 中），第 2~最后一个元素（保存在 $z$ 中）；

⑥ 分别对向量 $x$ 中每一个元素均进行平方、开方和对数操作，结果保存在变量 $x2$、$x\_2$ 和 $\log x$ 中。

任务8：矩阵的定义与访问。

① 建立矩阵 $A=\begin{bmatrix}1 & 5 & 6\\7 & 7 & 8\\3 & 2 & 3\end{bmatrix}$，$B=\begin{bmatrix}1 & 2\\3 & 4\\5 & 6\end{bmatrix}$。

② 如何由 $A$ 和 $B$ 生成矩阵 $C=\begin{bmatrix}1 & 5 & 6 & 1 & 2\\7 & 7 & 8 & 3 & 4\\3 & 2 & 3 & 5 & 6\end{bmatrix}$、$D=\begin{bmatrix}1 & 5 & 6\\7 & 7 & 8\\3 & 2 & 3\\1 & 3 & 5\\2 & 4 & 6\end{bmatrix}$。

③ 如何由 $A$ 变成矩阵 $\begin{bmatrix}100 & 5 & 6\\7 & 7 & 8\\3 & 2 & 3\end{bmatrix}$。

④ 如何将矩阵 $A$ 变成 $1\times 9$ 的数组？如何将 $B$ 变成 $2\times 3$ 的矩阵。

⑤ 如何将矩阵 $A$ 中小于 5 的元素个数，并将其全部变成 5。

⑥ 如何建立 $5\times 5$ 单位阵 $E$，将其变成稀疏矩阵（保存在 $F$ 中），清空 $E$ 中的内容后，删除单位阵 $E$。

任务9：矩阵分析。

① 建立一个 $5\times 5$ 的魔方矩阵 $A$，提取出其主对角线元素，并利用其构造对角阵 $B$，分别使 $A$ 的对角线元素为 $B$ 的主对角线，次对角线。

② 求取将 $A$ 逆时针旋转 $270°$，并将其上下翻转，然后左右翻转，所得到的矩阵 $D$。

③ 求取矩阵 $A$ 的行列式、秩、迹，特征值、特征向量。

4. 字符型变量的操作

任务10：完成如下字符串的操作。

① 作定义字符串 a 等于 house，取出 a 的前三个字符，取出 a 的第 1、3、5 个字符。

② 定义字符串 b 等于 $\begin{bmatrix}\text{house}\\\text{china}\\\text{tiger}\end{bmatrix}$，取出 b 前 6 个字符，取出 b 的第二行字符。

③ 定义字符串 S 为"This is a good example."，请查找字符串"good"出现在 S 中位置，并将字符串 S 中的"good"替换成"great"。

④ 试解释 eval(['cd',' ','C：\']) 这条语句的作用。

5. 符号型变量的操作

任务 11：构造多项式 $f_1(x)=2x^5+5x^4+4x^2+x+4$、$f_2(x)=x^2+2$ 和 $f_3(x,y)=x^2+x*y^2+2$。

① 求解当 $x=1,2,3,4,5$ 时的 $f_1(x)$ 值。

② 求解 $f_1(x)$ 与 $f_2(x)$ 的乘积。

③ 求解 $f_1(x)$ 除以 $f_2(x)$ 的商。

④ 将 $f_1(x)$、$f_2(x)$ 与 $f_3(x,y)$ 其转换为符号型表达式，分别求其 3 次导数、不定积分、[0　1] 区间上的定积分和 $\lim_{x\to 0}f_1(x)$。

6. 单元型与结构型变量的操作

任务 12：完成如下单元型与结构型变量的操作。

① 定义单元型变量 $X$，$X$ 大小为 $1\times 4$，第一个元素为数值 1（double 型），第二个元素为字符串 wang（char 型），第三个元素为数值 $1+3i$，第四个元素为矩阵 $A$（见任务 8）。

② 定义结构型变量 student，该变量包括四个成员，分别为：number、name、weight 和 height。

7. 全局变量与局部变量

任务 13：根据下面的全局变量应用实例，试总结 MATLAB 中全局变量和局部变量的区别和使用方法。

先建立函数文件 wadd.m，该函数将输入的参数加权相加。

```
function f = wadd(x,y)
% add two variable
global ALPHA BETA
f = ALPHA* x + BETA* y;
```

在命令窗口中输入：

```
global ALPHA BETA
ALPHA = 1;
BETA = 2;
s = wadd(1,2)
```

8. MATLAB 应用程序设计与调试

任务 14：输入一个字符，若为大写字母，则输出其对应的小写字母；若为小写字母，则输出其对应的大写字母；若为数字字符则输出其对应的数值，若为其他字符则原样输出。

任务 15：从键盘输入若干个数，当输入 0 时结束输入，求这些数的平均值和它们之和。

任务 16：一个三位整数各位数字的立方和等于该数本身则称该数为水仙花数，请输出全部水仙花数。

任务 17：求 [100，200] 之间第一个能被 21 整除的整数。

任务 18：利用函数的递归调用，求 $S=1!+2!+3!+4!+5!$。

任务 19：定义变量 $x$，将其赋值为 1096，请分别将其各位取出来，赋予变量 $x1$，$x2$，

$x3$, $x4$，即 $x1=1$，$x2=0$，$x3=9$，$x4=6$。

任务 20：从键盘输入 5 名学生的姓名和成绩，建立一个数据文件（文件类型自选），将数据写到文件中，并按成绩从低到高的顺序在屏幕上输出学生信息。

9. MATLAB 程序矢量化编程入门。

任务 21：求 $\sum_{n=0}^{100} 1/n^2$。

任务 22：求某自然数范围内的全部素数。

# 实训项目二　绘图与 GUI 界面设计

## 一、实训目的和要求

① 掌握 MATLAB 二维、三维图形的绘制方法。
② 掌握基本的 GUI 界面设计方法。

## 二、实训内容与问题

1. plot 函数的基本用法

任务 1：在 $0 \leqslant x \leqslant 2\pi$ 区间内，绘制曲线 $y=\sin(x)$，$y=\cos(x)$，$y=\cos(2*x)$，如图 1 所示。

2. 双纵坐标函数 plotyy 函数的基本用法

任务 2：用不同标度在同一坐标内绘制曲线 $y1=\mathrm{e}^{-0.5x}\sin(2\pi x)$ 及曲线 $y2=1.5\mathrm{e}^{-0.1x}\sin(x)$，如图 2 所示。

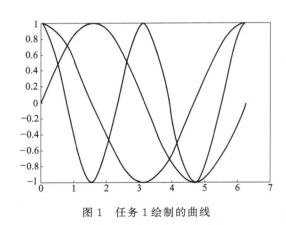

图 1　任务 1 绘制的曲线　　　　图 2　任务 2 绘制的曲线

3. 图形标注函数 title、xlabel、ylabel、text 等的基本用法

任务 3：在同一坐标内绘制曲线 $y=2\mathrm{e}^{-0.5x}\sin(2\pi x)$ 及其包络线，并进行标注，如图 3 所示。

4. 坐标控制 axis 函数的基本用法

任务 4：在用图形保持功能在同一坐标内绘制曲线 $y=2\mathrm{e}^{0.5x}\sin(2\pi x)$ 及其包络线，并加网格线，如图 4 所示。其中，$x \in [0, 2\pi]$，$y \in [-2, 2]$。

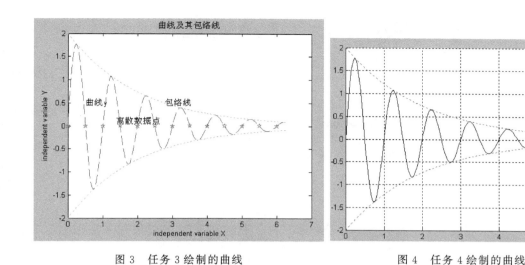

图 3 任务 3 绘制的曲线　　　　　　　图 4 任务 4 绘制的曲线

5. 图形窗口的分割 subplot 函数的基本用法

任务 5：在一个图形窗口中以子图形式同时绘制正弦、余弦、正切、余切曲线，如图 5 所示。

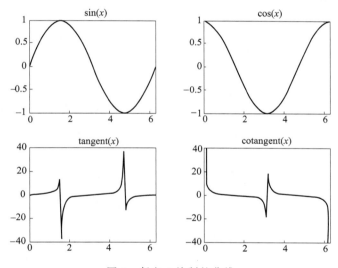

图 5　任务 5 绘制的曲线

6. 其他形式的线性直角坐标图函数的基本用法

任务 6：在一个图形窗口中以分别以条形图、填充图、阶梯图和杆图形式绘制曲线 $y=2e^{-0.5x}$，如图 6 所示。

7. 极坐标图 polar 函数的基本用法

任务 7：绘制 $\rho=\sin(2\theta)\cos(2\theta)$ 的极坐标图，如图 7 所示。

8. plot3 函数和 surf、mesh 三维曲面函数的基本用法。

参考 MATLAB 帮助系统中的例子。

任务 8：使用 plot3 函数绘制经典螺旋线，如图 8 所示。

任务 9：使用 mesh 函数展现 $z=\sin(y)\cos(x)$ 的三维曲面图。

任务 10：使用 mesh 函数绘制草帽图，如图 9 所示。

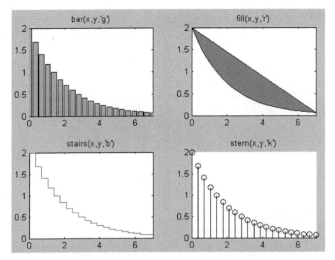

图 6　任务 6 绘制的曲线

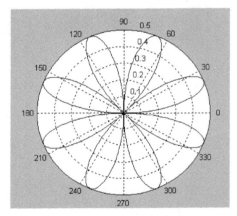

图 7　任务 7 绘制的曲线

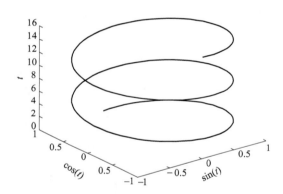

图 8　任务 8 绘制的曲线

图 9　任务 10 绘制的曲线

9. 用户菜单设计

任务 11：建立"图形演示系统"菜单。

菜单条中含有 3 个菜单项：Plot、Option 和 Quit。Plot 中有 Sine Wave 和 Cosine Wave

两个子菜单项，分别控制在本图形窗口画出正弦和余弦曲线。Quit 控制是否退出系统。

10. 快捷菜单设计

任务 12：绘制曲线 $y=2e-0.5x\sin(2\pi x)$，并建立一个与之相联系的快捷菜单，用以控制曲线的线型和曲线宽度，如图 10 所示。

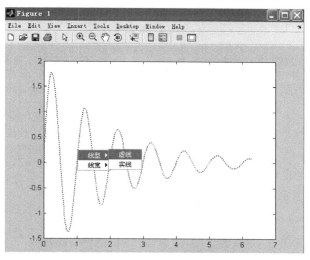

图 10　任务 12 绘制的曲线

11. GUI 界面设计

任务 13：使用 MATLAB 开发编制计算器应用程序，其 GUI 界面如图 11 所示。

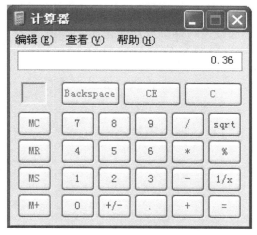

图 11　GUI 界面

# 实训项目三　线性控制系统的 MATLAB 辅助分析

## 一、实训目的和要求

① 线性控制系统 MATLAB/Simulink 模型的建立与转换。
② 线性控制系统方框图模型的化简。

③ 线性控制系统性能（时域与频域）的 MATLAB 辅助分析。

## 二、实训内容与问题

1. 线性控制系统 MATLAB/Simulink 模型的建立。

任务1：使用 tf 函数建立 $G(s)=\dfrac{2s+3}{4s^3+3s^2+2s+1}$ 的控制系统。（传递函数模型）

任务2：使用 zpk 函数建立 $G(s)=\dfrac{2s+3}{s(s+1)(s+2)}$ 的控制系统。（零极点增益模型）

任务3：使用 ss 函数建立控制系统模型，其状态空间方程如下。（状态空间模型）

$$\begin{bmatrix}\dot{x}_1\\ \dot{x}_2\\ \dot{x}_3\end{bmatrix}=\begin{bmatrix}0 & 1 & 0\\ 0 & 0 & 1\\ -1 & -2 & -3\end{bmatrix}\begin{bmatrix}x_1\\ x_2\\ x_3\end{bmatrix}+\begin{bmatrix}0\\ 0\\ 1\end{bmatrix}u,\ y=\begin{bmatrix}1 & 0 & 0\end{bmatrix}\begin{bmatrix}x_1\\ x_2\\ x_3\end{bmatrix}$$

任务4：建立问题1中控制系统的 Simulink 结构图模型。

2. 线性控制系统方框图模型的化简

任务5：使用 series 函数进行两个环节串联的化简。

$$R(s)\longrightarrow\boxed{G_1(s)}\longrightarrow\boxed{G_2s}\longrightarrow C(s)$$

任务6：使用 parallel 函数进行两个环节并联的化简。

任务7：使用 feedback 函数进行环节反馈的化简。

其中，$G_1(s)=\dfrac{5}{s+1}$；

$G_2(s)=\dfrac{7s+8}{s^2+2s+9}$；

$G(s)=\dfrac{1}{(s+1)(s+2)}$；

$H(s)=1$。

3. 线性控制系统性能（时域与频域）的 MATLAB 辅助分析

任务8：线性控制系统时域仿真方法共两种：

① 在 MATLAB 的函数指令方式下，绘制典型二阶系统在零阻尼、欠阻尼和过阻尼情况下的单位阶跃响应曲线，如图1所示；

② 在 Simulink 环境下仿真，当 $\xi=0.3$（欠阻尼）时，典型二阶系统的单位阶跃响应曲线，仿真如图2所示。

任务9：已知单位负反馈系统的开环传递函数为 $G(s)=\dfrac{s+2}{s(s+1)(s+3)}$，试判断系统的

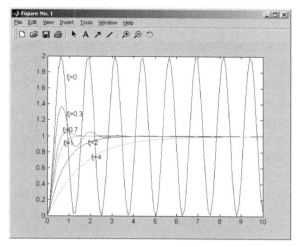

图 1 单位阶跃响应曲线

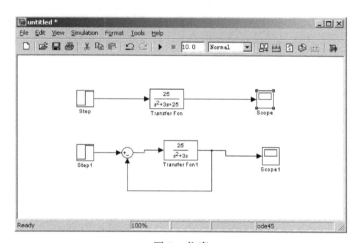

图 2 仿真

闭环稳定性。

**任务 10**：已知单位负反馈系统开环传递函数 $G(s)=\dfrac{5(s+0.2)}{s(s-0.5)(s+1.5)}$，试求单位阶跃信号作为参考输入时产生的稳态误差。

**任务 11**：已知系统开环传递函数为 $G(s)=\dfrac{4}{3s^3+7s^2+2s}$，试利用画出系统的奈奎斯特图。

**任务 12**：已知一单位反馈系统开环传递函数为 $G(s)=\dfrac{2}{s^3+6s^2+5s}$，试绘制 bode 图并计算系统频域性能指标。

## 参 考 文 献

[1] Stephen J Chapman. MATLAB 程序设计 [M]. 原书第 3 版. 北京：机械工业出版社出版，2018.
[2] 张平，吴云洁，等. MATLAB 基础与应用 [M]. 3 版. 北京：北京航空航天大学出版社，2018.
[3] 于润伟. MATLAB 基础及应用 [M]. 4 版. 北京：机械工业出版社，2015.
[4] 张聚. 基于 MATLAB 的控制系统仿真及应用 [M]. 2 版. 北京：电子工业出版社，2018.
[5] 张磊. MATLAB 与控制系统仿真 [M]. 北京：电子工业出版社，2018.
[6] 赵广元. MATLAB 与控制系统仿真实践 [M]. 3 版. 北京：北京航空航天大学出版社，2016.
[7] 吴晓燕. MATLAB 在自动控制中的应用 [M]. 西安：西安电子科技大学出版社，2013.
[8] 汪宁. MATLAB 与控制理论实验教程 [M]. 北京：机械工业出版社，2011.
[9] 苏金明，阮沈勇. MATLAB 实用教程 [M]. 2 版. 北京：电子工业出版社，2008.
[10] John J D Azzo. 基于 MATLAB 的线性控制系统分析与设计 [M]. 原书第 5 版. 北京：机械工业出版社，2008.
[11] 孙祥. MATLAB 基础教程 [M]. 北京：清华大学出版社，2005.
[12] 刘帅奇，等. MATLAB 程序设计基础教程 [M]. 西安：西安电子科技大学出版社，2012.
[13] 王正林，等. MATLAB/Simulink 与控制系统仿真 [M]. 4 版. 北京：电子工业出版社，2017.
[14] 薛定宇. 控制系统计算机辅助设计 MATLAB 语言与应用 [M]. 3 版. 北京：清华大学出版社，2012.
[15] 黄忠霖. 控制系统 MATLAB 计算及仿真 [M]. 3 版. 北京：国防工业出版社，2016.
[16] 杨佳，等. 控制系统 MATLAB 仿真与设计 [M]. 北京：清华大学出版社，2012.
[17] 杨莉，等. MATLAB 语言与控制系统仿真 [M]. 哈尔滨：哈尔滨工程大学出版社，2013.
[18] 邓奋发. MATLAB R2016a 控制系统设计与仿真 [M]. 北京：电子工业出版社，2018.